土木工程制图与识图

褚振文 编著

中国建筑工业出版社

图书在版编目(CIP)数据

土木工程制图与识图/褚振文编著. —北京：中国建
筑工业出版社，2014.6
ISBN 978-7-112-16505-6

Ⅰ.①土…　Ⅱ.①褚…　Ⅲ.①土木工程-建筑制图-
识别　Ⅳ.①TU204

中国版本图书馆 CIP 数据核字(2014)第 038904 号

本书介绍了建筑施工图制图与识图的基本常识。内容有：绘图基础，投影基本知识，建筑、结构、水、电、供暖、装修、道路及桥梁施工图的组成、内容及识图。

本书可供读者自学，也适合建筑类专科院校的学生用做教材。

责任编辑：封　毅　张　磊
责任设计：董建平
责任校对：张　颖　党　蕾

土木工程制图与识图

褚振文　编著

*

中国建筑工业出版社出版、发行（北京西郊百万庄）
各地新华书店、建筑书店经销
北京科地亚盟排版公司制版
北京盈盛恒通印刷有限公司印刷

*

开本：787×1092毫米　1/16　印张：10½　字数：260千字
2014 年 11 月第一版　　2014 年 11 月第一次印刷
定价：25.00 元
ISBN 978 - 7 - 112 - 16505 - 6
(25310)

前　言

本书在内容的编排上，有制图与识图理论知识、识图实际知识，具有以下特点：

1. 理论部分系统、简明，易学易懂。

2. 施工图实例的导读直观、透彻，每页图上不同之处都注有立体图导读，并有文字讲解。

3. 能帮助读者在较短的时间内掌握建筑制图与识图知识。

由于作者水平有限，书中不足之处，恳请广大读者发送至 289052980@qq.com 批评指正。

目　　录

第1章 建筑制图基础知识

1.1 制图工具及使用方法

常用的制图工具有如下 8 种。

1. 图板

图板按大小分为：A0 号、A1 号和 A2 号。A0 号图板是绘制 A0 号图纸用的；A1 号和 A2 号图板是绘制 A1～A4 号图纸用的。图板的板面应平整，左边为工作边，应平直。

2. 丁字尺

丁字尺是由尺头和尺身组成的，尺头与尺身垂直连接，带有刻度的上边为工作边。工作边平直光滑。

图中水平线都要用丁字尺画出。画线时左手把住尺头，使它始终贴住图板左边，然后上下推动，直至工作边对准要画线的地方。图中单根水平线要从左向右画出（图 1-1），多根水平线时，要由上至下逐条画出。

3. 三角板

三角板是用来绘制竖直线条或斜线的，其带有刻度的边为工作边。一副三角板一般为两块，其中一块为 45°的等腰直角三角形，另一块是 60°与 30°的直角三角形。

画线时先将丁字尺尺身放到线的下方，将三角板放在线的右边，并使它的一直角边紧贴在丁字尺尺身的工作边上，然后移动三角板至另一直角边靠贴要画的竖直线。再用左手按住丁字尺尺身和三角板，自下而上画出竖直线，如图 1-2 所示。

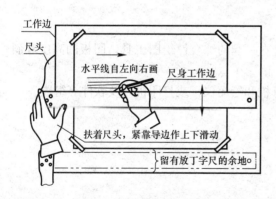

图 1-1 丁字尺画水平线

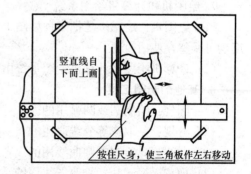

图 1-2 用丁字尺与三角板绘制竖直线

三角板和丁字尺配合使用，可以画出与水平线成 15°、30°、45°、60°、75°等斜线，如图 1-3 所示。

1

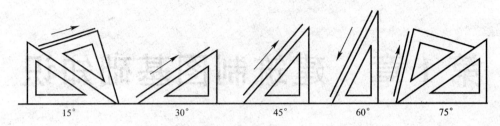

图 1-3　用三角板与丁字尺画斜线

4. 比例尺

比例尺的作用是放大或缩小线段的长度（图 1-4），外形是三棱柱体的比例尺也称三棱尺图 1-4a。每一条棱的两个侧面分别有两个不同的比例刻度，三棱比例尺有六个不同的比例。比例尺上的数字以米（m）为单位。

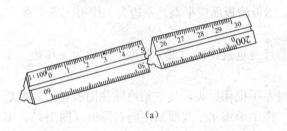

（a）

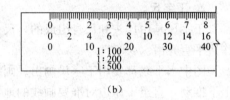

（b）

图 1-4　比例尺

5. 建筑模板

建筑模板是用来画各种建筑标准图例和常用符号的，如坐便器、污水盆、详图索引符号、标高符号、柱、墙、门的开启线等。

6. 绘图纸

施工图画在图纸上，图纸的规格国家有规定的标准。绘图用的白图纸要求质地坚硬、洁白，用橡皮擦拭不易起毛，画墨线不渗。

7. 绘图机和计算机绘图系统

（1）绘图机：绘图机是把多种绘图工具合在一起的综合性绘图工具，图板的高度和斜度均可调整，使用简便。

（2）计算机绘图：计算机绘图系统由计算机和绘图仪（或打印机）及软件等组成。

8. 其他的制图工具

（1）圆规：绘制圆或圆弧用的。

（2）分规：截取或等分线段用的。

（3）曲线板：绘制非圆曲线用的。

（4）橡皮、擦图片：修改图线用的。

（5）铅笔：铅笔一般选用硬度为 HB、H 或 2H 的铅笔打底稿，再用硬度为 HB、B 或 2B 的铅笔加粗或加深。

（6）鸭嘴笔、针管笔：用于上墨描图。

1.2 建筑制图国家标准

1.2.1 图纸规格

1. 图纸幅面

（1）图纸幅面及图框尺寸，应符合表 1-1 的规定及图 1-5～图 1-8 的格式。

幅面及图框尺寸（mm）　　　　　　　　　　表 1-1

尺寸代号 ＼ 幅面代号	A0	A1	A2	A3	A4
$b \times l$	841×1189	594×841	420×594	297×420	210×297
c	10			5	
a	25				

（2）图纸的短边一般不加长，长边可加长，但应符合表 1-2 的规定。

图纸长边加长尺寸（mm）　　　　　　　　　表 1-2

幅面尺寸	长边尺寸	长边加长后尺寸
A0	1189	1486　1635　1783　1932　2080　2230　2378
A1	841	1051　1261　1471　1682　1892　2102
A2	594	743　891　1041　1189　1338　1486　1635　1783　1932　2080
A3	420	630　841　1051　1261　1471　1682　1892

注：有特殊需要的图纸，可采用 $b \times l$ 为 841mm×891mm 与 1189mm×1261mm 的幅面

2. 标题栏与会签栏

图纸的标题栏、会签栏及装订边的位置，应符合下列规定：

（1）横式使用的图纸，应按图 1-5 和图 1-6 的形式布置。

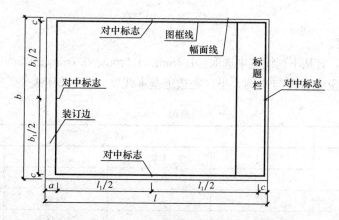

图 1-5　A0～A3 横式幅面（一）

（2）立式使用的图纸，应按图 1-7 和图 1-8 的形式布置。

3

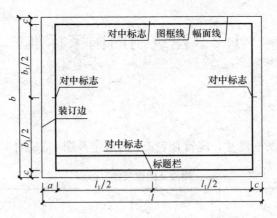

图 1-6 A0~A3 横式幅面（二）

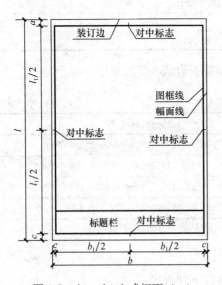

图 1-7 A0~A4 立式幅面（一）

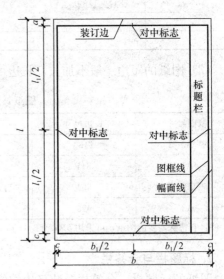

图 1-8 A0~A4 立式幅面（二）

1.2.2 图线

1. 图线宽度

图线的宽度，宜从下列线宽中选取：1.4mm、1.0mm、0.7mm、0.5mm、0.35mm 等。画图时根据复杂程度与比例大小，先选定基本线宽 b，再选用表 1-3 中相应的线宽组。

线宽组（mm） 表 1-3

线宽比	线宽组			
b	1.4	1.0	0.7	0.5
$0.7b$	1.0	0.7	0.5	0.35
$0.5b$	0.7	0.5	0.35	0.25
$0.25b$	0.35	0.25	0.18	—

注：1. 需要微缩的图纸，不宜采用 0.18mm 及更细的线宽。
2. 同一张图纸内，各不同线宽中的细线，可统一采用较细的线宽组的细线。

2. 图线线型

工程建设制图线型，应选用表 1-4 的图线。

图线 表 1-4

名 称		线 型	线 宽	用 途
实线	粗		b	主要可见轮廓线
	中粗		$0.7b$	可见轮廓线
	中		$0.5b$	可见轮廓线、尺寸线、变更云线
	细		$0.25b$	图例填充线、家具线
虚线	粗		b	见各有关专业制图标准
	中粗		$0.7b$	不可见轮廓线
	中		$0.5b$	不可见轮廓线、图例线
	细		$0.25b$	图例填充线、家具线
单点长画线	粗		b	见各有关专业制图标准
	中		$0.5b$	见各有关专业制图标准
	细		$0.25b$	中心线、对称线、轴线等
双点长画线	粗		b	见各有关专业制图标准
	中		$0.5b$	见各有关专业制图标准
	细		$0.25b$	假想轮廓线、成型前原始轮廓线
折断线	细		$0.25b$	断开界线
波浪线	细		$0.25b$	断开界线

1.2.3 字体

1. 字高

文字的字高应从表 1-5 中选用。字高大于 10mm 的文字宜采用 True type 字体，当需书写更大的字时，其高度应按 $\sqrt{2}$ 的倍数递增。

文字的字高（mm） 表 1-5

字体种类	中文矢量字体	True type 字体及非中文矢量字体
字高	3.5、5、7、10、14、20	3、4、6、8、10、14、20

2. 字体

图样及说明中的汉字，宜采用长仿宋体或黑体，同一图纸字体种类不应超过两种。长仿宋体的高宽关系应符合表 1-6 的规定，黑体字的宽度与高度应相同。大标题、图册封面、地形图等的汉字，也可书写成其他字体，但应易于辨认。

长仿宋体字高宽关系（mm） 表 1-6

字高	20	14	10	7	5	3.5
字宽	14	10	7	5	3.5	2.5

3. 长仿宋字的书写要点

横平竖直，起落有锋；笔锋满格，因字而异；排列匀称，组合紧凑。如图 1-9 所示。

物业管理 建筑制图 国家标准

排列整齐　字体端正　笔画清晰　起落有力

字体笔画基本上是横平竖直结构匀称写字前要先画好字格
阿拉伯数字拉丁字母罗马字母同汉字并列书写时它们的字高比汉字的字高小

ABCDEFGHIJKLMNOPQRSTUVWXYZ
ABCDEFGHIJKLMNOPQRSTUVWXYZ
abcdefghijklmnopqrstuvwxyz
1234567890

图 1-9　长仿宋字、拉丁字母、数字示例

1.2.4　比例

1. 图样的比例

图样的比例，是指图形与实物相对应的线性尺寸之比。比例的符号为"："，比例以阿拉伯数字表示，如 1：1、1：2、1：100 等。比例注写在图名的右侧，字的基准线应取平；比例的字高宜比图名的字高小 1 号或 2 号（图 1-10）。

平面图 1:100　⑥ 1:20

图 1-10　比例的注写

2. 绘图的比例

绘图所用的比例，应根据图样的用途与被绘对象的复杂程度，从表 1-7 中选用，并优先用表中常用比例。

绘图所用的比例　　　　　　　　　　　　　　　　　　　　　　　表 1-7

常用比例	1：1、1：2、1：5、1：10、1：20、1：50、1：100、1：150、1：200、1：500、1：1000、1：2000
可用比例	1：3、1：4、1：6、1：15、1：25、1：30、1：40、1：60、1：80、1：250、1：300、1：400、1：600、1：5000、1：10000、1：20000、1：50000

1.2.5　符号

1. 剖视剖切符号

剖视的剖切符号应由剖切位置线及投射方向线组成，以粗实线绘制。剖切位置线的长度为 6～10mm；投射方向线应垂直于剖切位置线，长度短于剖切位置线，为 4～6mm（图 1-11a），也可采用国际统一和常用的剖视方法（图 1-11b）。

2. 断面剖切符号

断面的剖切符号应只用剖切位置线表示，以粗实线绘制，长度为 6～10mm。见图 1-12。断面的剖切符号的编号宜采用阿拉伯数字，并应注写在剖切位置线的一侧。

3. 索引符号

图样中的某一局部或构件，如需另见引出的详图，用索引符号引出（图 1-13a）。索

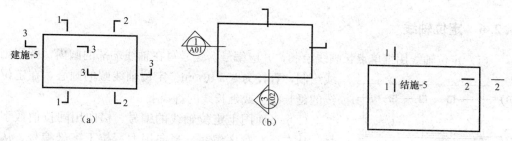

图 1-11　剖视的剖切符号

图 1-12　断面剖切符号

引符号由直径为 8～10mm 的圆和水平直径组成，圆及水平直径均以细实线绘制。索引符号具体规定如下：

（1）索引出的详图，与被索引的详图画在同一张图纸内，应在索引符号的上半圆中用阿拉伯数字注明该详图的编号，并在下半圆中间画一段水平细实线（图 1-13b）。

（2）索引出的详图，与被索引的详图不画在同一张图纸内时，应在索引符号的上半圆中用阿拉伯数字注明该详图的编号，在索引符号的下半圆中用阿拉伯数字注明该详图所在图纸的编号（图 1-13c）。数字较多时，可加文字标注。

（3）索引出的详图，如采用标准图，应在索引符号水平直径的延长线上加注该标准图册的编号（图 1-13d）。

（4）索引符号用于索引剖视详图时，应在被剖切的部位绘制剖切位置线，并以引出线引出索引符号，引出线所在的一侧即为剖视方向。索引符号的编号和上面的（1）、（2）、（3）三条相同（图 1-14a、b、c、d）。

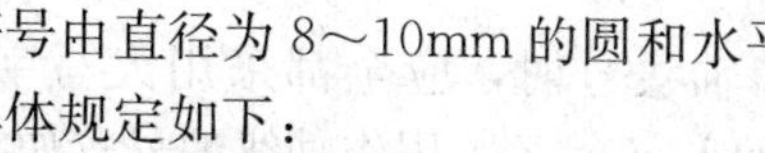

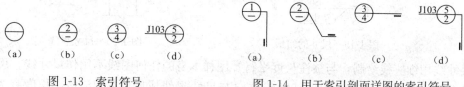

图 1-13　索引符号

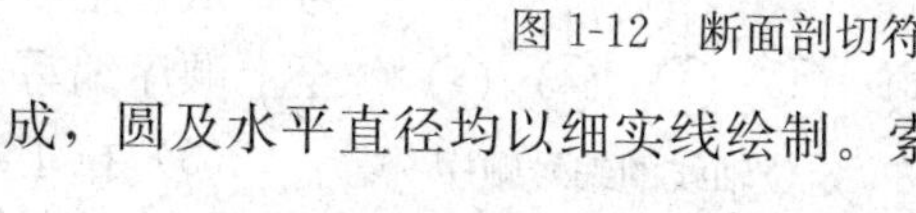

图 1-14　用于索引剖面详图的索引符号

（5）零件、钢筋、杆件、设备等的编号，用直径为 5～6mm 的细实线圆表示，其编号用阿拉伯数字按顺序编写（图 1-15）。

4. 详图编号

详图的位置和编号，应以详图符号表示。详图符号的圆以直径为 14mm 粗实线绘制。详图的表示具体如下：

（1）详图与被索引的图样同在一张图纸内时，应在详图符号内用阿拉伯数字注明详图的编号（图 1-16）。

（2）详图与被索引的图样不在同一图纸内时，应用细实线在详图符号内画一水平直径，在上半圆中注明详图编号，在下半圆中注明被索引的图纸编号（图 1-17）。

图 1-15　零件、钢筋等的编号　　　图 1-16　与被索引图样同在　　　图 1-17　与被索引图样不在同
　　　　　　　　　　　　　　　　　一张图纸内的详图符号　　　　　　一张图纸内的详图符号

1.2.6　定位轴线

(1) 定位轴线用细单点长画线绘制，并应编号。编号写在轴线端部的圆内。圆用细实线绘制，直径为 8～10mm。定位轴线圆的圆心，在定位轴线的延长线上或延长线的折线上。

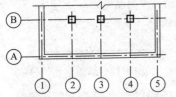

(2) 平面图上定位轴线的编号，横向用阿拉伯数字编号，从左至右顺序编写，竖向用大写拉丁字母编号，从下至上顺序编写（图 1-18）。

图 1-18　定位轴线的编号顺序

(3) 拉丁字母作为轴线号时，应全都采用大写字母，不应用同一个字母的大小写来区分轴线号。拉丁字母的 I、O、Z 不用作轴线编号。如字母数量不够使用，可增用双字母或单字母加数字注脚。

1.2.7　尺寸标注

1. 尺寸界线、尺寸线及尺寸起止符号

图样上的尺寸，包括尺寸界线、尺寸线、尺寸起止符号和尺寸数字（图 1-19）。

尺寸界线应用细实线绘制，一般与被注长度垂直，其一端离开图样轮廓线不小于 2mm，另一端超出尺寸线 2～3mm。图样轮廓线可用作尺寸界线（图 1-20）。

图 1-19　尺寸的组成　　　　　　　　　图 1-20　尺寸界线

尺寸线用细实线绘制，与被注长度平行。图样本身的任何图线不用作尺寸线。尺寸起止符号是用中粗斜短线表示的，其倾斜方向与尺寸界线成顺时针 45°角，长度宜为 2～3mm。半径、直径、角度与弧长的尺寸起止符号，用箭头表示（图 1-21）。

2. 尺寸数字

图样上的尺寸数字单位，除标高及总平面以米（m）为单位，其他以毫米（mm）为单位。尺寸数字的方向，应按图 1-22a 的规定注写。若尺寸数字在 30°斜线区内，宜按图 1-22b 的形式注写。

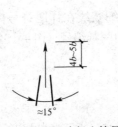

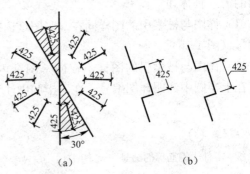

图 1-21　箭头尺寸起止符号　　　　　　图 1-22　尺寸数字的注写方向

3. 尺寸的排列与布置

尺寸宜标注在图样轮廓以外，不宜与图线、文字及符号等相交（图1-23）。

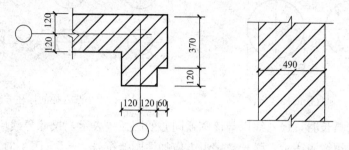

图1-23 尺寸数字的注写

互相平行的尺寸线，较小尺寸应离轮廓线较近，较大尺寸离轮廓线较远（图1-24）。

4. 半径、直径、球的尺寸标注

半径的尺寸线应一端从圆心开始，另一端画箭头指向圆弧。半径数字前加注半径符号"R"（图1-25）。较小圆弧的半径，按图1-26形式标注。较大圆弧的半径，按图1-27形式标注。

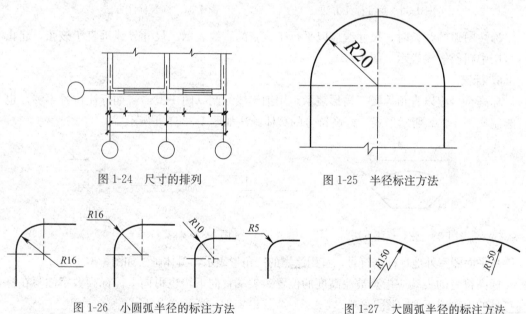

图1-24 尺寸的排列   图1-25 半径标注方法

图1-26 小圆弧半径的标注方法   图1-27 大圆弧半径的标注方法

标注圆的直径尺寸时，直径数字前加注直径符号"ϕ"。在圆内标注的尺寸线应通过圆心，两端画箭头指至圆弧（图1-28）。较小圆的直径尺寸标注，在圆外（图1-29）。

标注球的半径尺寸时，应在尺寸前加注符号"SR"。球的直径尺寸标注时，应在尺寸数字前加注符号"$S\Phi$"。注写方法与圆弧半径和圆直径的尺寸标注方法相同。

5. 角度、弧度、弧长的标注

角度的尺寸线应以圆弧表示。该圆弧的圆心是该角的顶点，角的两条边为尺寸界线。起止符号应以箭头表示，如没有足够位置画箭头，可用圆点代替，角度数字应按水平方向注写（图1-30）。

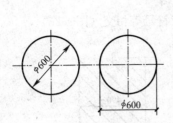

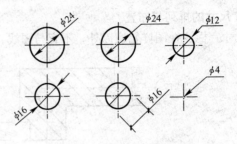

图 1-28　圆直径的标注方法　　　　　　　图 1-29　小圆直径的标注方法

标注圆弧的弧长时，尺寸线以与该圆弧同心的圆弧线表示，尺寸界线应垂直于该圆弧的弦，起止符号用箭头表示，弧长数字上方应加注圆弧符号"⌒"（图 1-31）。

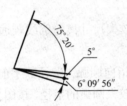

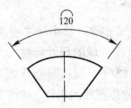

图 1-30　角度标注方法　　　　　　　　图 1-31　弧长标注方法

标注圆弧的弦长时，尺寸线应以平行于该弦的直线表示，尺寸界线垂直于该弦，起止符号用中粗斜短线表示（图 1-32）。

6. 标高

标高符号应以直角等腰三角形表示，用细实线绘制（图 1-33a），如标注位置不够，也可绘制成图 1-33b 所示形式。标高符号的具体画法如图 1-33c、d 所示。

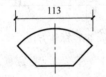

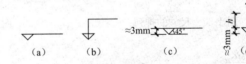

图 1-32　弦长标注方法　　　　　　　图 1-33　标高符号

总平面图室外地坪标高符号，宜用涂黑的三角形表示，具体画法如图 1-34 所示。

标高符号的尖端应指至被注高度的位置。尖端宜向下，也可向上。标高数字注写在标高符号的上侧或下侧（图 1-35）。

标高数字以米（m）为单位，注写到小数点以后第三位。在总平面图中，注写到小数点以后第二位。

零点标高注写成±0.000，正数标高不注"＋"，负数标高注"－"。例如 6.000、－0.600。

图样的同一位置需表示几个不同标高时，标高数字按图 1-36 的形式注写。

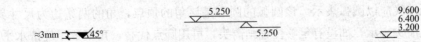

图 1-34　总平面图室外地坪标高符号　　图 1-35　标高的指向　　图 1-36　同一位置注写多个标高数字

1.2.8 建筑材料

常用建筑材料见表 1-8。

常用建筑材料图例   表 1-8

序号	名称	图例	备注
1	自然土壤		包括各种自然土壤
2	夯实土壤	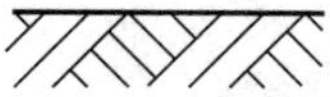	—
3	砂、灰土	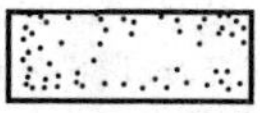	—
4	砂砾石、碎砖三合土	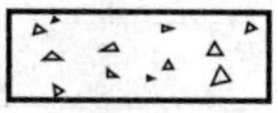	—
5	石材		—
6	毛石	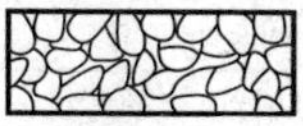	—
7	普通砖	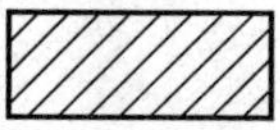	包括实心砖、多孔砖，砌块等砌体。断面较窄不易绘出图例线时，可涂红，并在图纸备注中加注说明，画出该材料图例
8	耐火砖	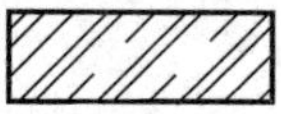	包括耐酸砖等砌体
9	空心砖	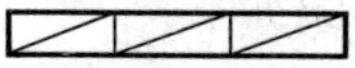	指非承重砖砌体
10	饰面砖		包括铺地砖、陶瓷马赛克、人造大理石等
11	焦渣、矿渣	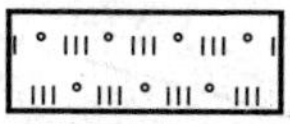	包括与水泥、石灰等混合而成的材料
12	混凝土	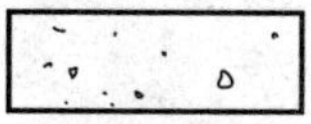	1. 本图例指能承重的混凝土及钢筋混凝土 2. 包括各种强度等级、骨料、添加剂的混凝土 3. 在剖面图上画出钢筋时，不画图例线 4. 断面图形小，不易画出图例线时，可涂黑
13	钢筋混凝土		
14	多孔材料		包括水泥珍珠岩、沥青珍珠岩、泡沫混凝土、非承重加气混凝土、软木、蛭石制品等
15	纤维材料	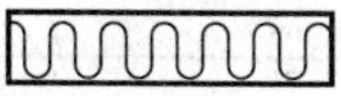	包括矿棉、岩棉、玻璃棉、麻丝、木丝板、纤维板等
16	泡沫塑料材料	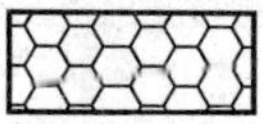	包括聚苯乙烯、聚乙烯、聚氨酯等多孔聚合物类材料
17	木材		1. 上图为横断面，左上图为垫木、木砖或木龙骨 2. 下图为纵断面
18	胶合板		应注明为×层胶合板
19	石膏板	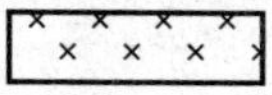	包括圆孔、方孔石膏板、防水石膏板、硅钙板、防火板等

续表

序　号	名　称	图　例	备　注
20	金属		1. 包括各种金属 2. 图形小时，可涂黑
21	网状材料		1. 包括金属、塑料网状材料 2. 应注明具体材料名称
22	液体		应注明具体液体名称
23	玻璃		包括平板玻璃、磨砂玻璃、夹丝玻璃、钢化玻璃、中空玻璃、夹层玻璃、镀膜玻璃等
24	橡胶		
25	塑料		包括各种软、硬塑料及有机玻璃等
26	防水材料		构造层次多或比例大时，采用上图例
27	粉刷		本图例采用较稀的点

注：序号 1、2、5、7、8、13、14、16、17、18 图例中的斜线、短斜线、交叉斜线等均为 45°。

1.3　几何作图

制图时，经常会遇到画各种几何图形，现简要介绍如下：

（1）作斜度。作一条相对水平线为 25% 坡度的倾斜线，如图 1-37。

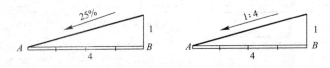

图 1-37　根据已知坡度作倾斜线

（2）等分已知线段 AB，如图 1-38。

（3）任意等分两平行线间的距离，如图 1-39。

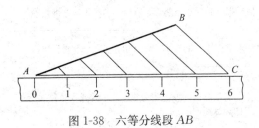

图 1-38　六等分线段 AB　　　　图 1-39　分两平行线之距为五等分

（4）作已知圆的内接正五边形，如图 1-40。

（5）作已知圆的内接正六边形，如图 1-41。

（6）已知椭圆长短轴，用四心法作椭圆，如图 1-42。

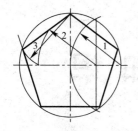　　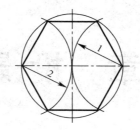　　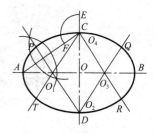

图 1-40　作已知圆的内接正五边形　　图 1-41　作已知圆的内接正六边形　　图 1-42　椭圆作图

（7）用已知半径 R 的圆弧连接两直线，如图 1-43。

1）作两已知直线的平行线，间距为 R，两直线的交点为连接圆弧的圆心；

2）由连接圆心向两已知直线作垂线，得垂足，即为切点。

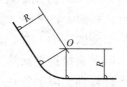　　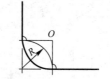

图 1-43　用圆弧连接两直线

习　　题

1.1　如何正确使用三角板？

1.2　如何正确使用丁字尺？

1.3　如何正确使用比例尺？

1.4　如何选择制图铅笔？

1.5　图纸幅面有几种规格？

1.6　线型名称有几种，各自的宽度和主要用途是什么？

1.7　图纸上书写的文字、数字应有什么要求？

1.8　什么是图样比例，绘图常用比例有哪些？

1.9　剖视剖切符号与断面剖切符号是如何看的？

1.10　索引符号和详图符号的作用是什么，是如何看的？

1.11　尺寸由哪些组成，尺寸标注具体要求都有哪些？

1.12　定位轴线和编号是如何规定的？

1.13　五等分已知线段 AB。

1.14　作已知圆的内接正六边形。

第2章 投影知识

2.1 制图中的投影概念

1. 投影的产生

光线照射物体，在墙面或地面上产生影子。例如，灯光照射桌面，在地上产生的影子

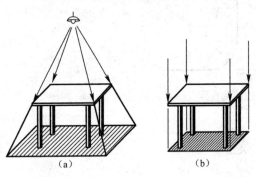

（a）

图 2-1 投影的产生

比桌面大，见图 2-1（a）。如果灯的位置在桌面的正中上方，它与桌面的距离愈远，则影子愈接近桌面的实际大小。可以设想，把灯移到无限远的高度（夏日正午的阳光近似于这种情况），即光线相互平行并与地面垂直，这时影子的大小就和桌面一样了，见图 2-1（b）。

投影原理就是从这些概念中总结出来的一些规律，作为制图方法的理论依据。在制图中，把表示光线的线称为投射线，把落影平面称为投影面，把所产生的影子称为投影图。

2. 投影的分类

由一点放射的投射线所产生的投影称为中心投影，见图 2-2（a）。由相互平行的投射线所产生的投影称为平行投影。根据投射线与投影面的角度关系，平行投影又分为两种：平行投射线与投影面斜交的称为斜投影，见图 2-2（b）；平行投射线垂直于投影面的称为正投影，见图 2-2（c）。

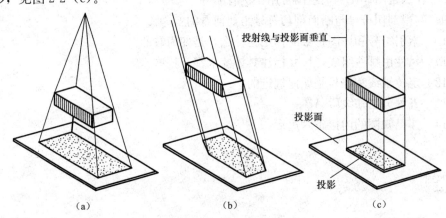

（a）   （b）   （c）

图 2-2 投影的分类

（a）中心投影；（b）斜投影；（c）正投影

一般的工程图纸，都是按照正投影的概念绘制的，即假设投射线互相平行，并垂直于投影面。

2.2 点、线、面正投影的基本规律

工程制图的对象都是立体的物体，各种物体都可以看成是由点、线、面组成的形体。下面分析点、线、面的正投影的基本规律。

2.2.1 点、线、面正投影的基本规律

1. 点的正投影规律

点的正投影仍是点（图 2-3）。

2. 直线的正投影规律

（1）直线平行于投影面，其投影是直线，反映实长，见图 2-4（a）。

（2）直线垂直于投影面，其投影积聚为一点，见图 2-4（b）。

（3）直线倾斜于投影面，其投影仍是直线，但长度缩短，见图 2-4（c）。

（4）直线上一点的投影，必在该直线的投影上，见图 2-4（a）、（b）、（c）。

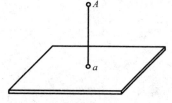

图 2-3 点的正投影规律

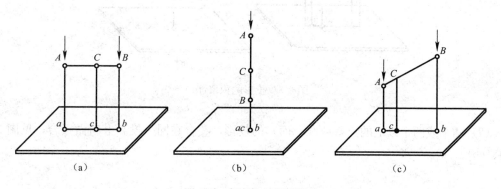

（a）　　　　　（b）　　　　　（c）

图 2-4 直线的正投影规律

3. 平面的正投影规律

（1）平面平行于投影面，投影反映平面实形，即形状、大小不变，见图 2-5（a）。

（2）平面垂直于投影面，投影积聚为直线，见图 2-5（b）。

（3）平面倾斜于投影面，投影变形，面积缩小，见图 2-5（c）。

2.2.2 投影的积聚与重合

（1）一个面与投影面垂直，其正投影为一条线。这个面上的任意一点或线或其他图形的投影都积聚在这一条线上，见图 2-6（a）。一条直线与投影面垂直，它的正投影成为一点，这条线上的任意一点的投影也都落在这一点上，见图 2-6（b）。投影的这一特性称为

积聚性。

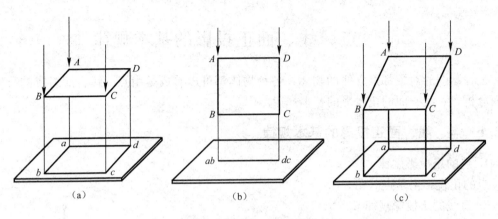

图 2-5 平面的正投影规律

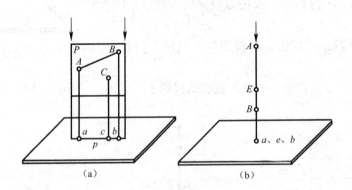

图 2-6 投影的积聚性

(2) 两个或两个以上的点（或线、面）的投影，叠合在同一投影上叫做重合，见图 2-7 (a)、(b)、(c)。

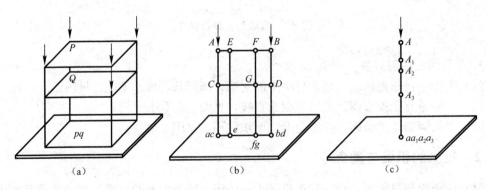

图 2-7 投影重合

(a) P 面与 Q 面投影重合；(b) AB 直线与 CD 直线的投影 ab 与 cd 重合；E 点的投影与 ab、cd 重合；
F 点与 G 点投影重合，并与 ab、cd 重合；(c) 在一条垂直于投影面的直线上任意一点的投影都重合在同一点上

2.3 三面正投影图

1. 三面正投影图的形成

制图首先要解决的矛盾是如何将立体实物的形状和尺寸准确地反映在平面的图纸上。一个正投影图能够准确地表现出物体的一个侧面的形状，但还不能表现出物体的全部形状。如果将物体放在三个相互垂直的投影面之间，用三组分别垂直于三个投影面的平行投射线投影，就能得到这个物体的三个面的正投影图（图 2-8）。

三组投射线与投影图的关系：

平行投射线由前向后垂直 V 面，在 V 面上产生的投影叫正立投影图；

平行投射线由上向下垂直 H 面，在 H 面上产生的投影叫水平投影图；

平行投射线由左向右垂直 W 面，在 W 面上产生的投影叫侧投影图。

三个投影面相交的三条凹棱线叫做投影轴。图 2-8 中，OX、OZ、OY 是三条相互垂直的投影轴。

2. 三个投影面的展开

图 2-8 中的三个正投影图分别在 V、H、W 三个相互垂直的投影面上，怎样把它们表现在一张图纸上呢？设想 V 面保持不动，把 H 面绕 OX 轴向下翻转 90°，把 W 面绕 OZ 轴向右转 90°，则它们就和 V 面同在一个平面

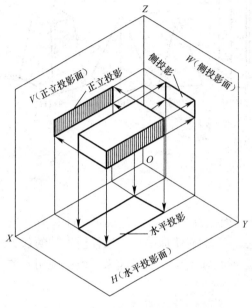

图 2-8 三面正投影图的形成

上。这样，三个投影图就能画在一张平面的图纸上了（图 2-9）。

三个投影面展开后，三条投影轴成为两条垂直相交的直线；原 OX、OZ 轴位置不变，原 OY 轴则分成 OY_1、OY_2 两条轴线。见图 2-9（c）。

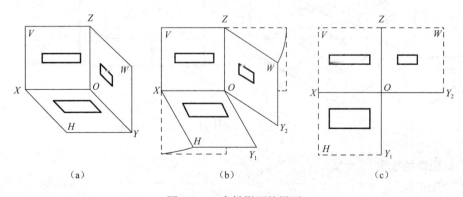

（a）　　　　　（b）　　　　　（c）

图 2-9 三个投影面的展开

2.4 平面体的投影

物体的表面是由平面组成的，称为平面体。建筑工程中绝大部分的物体都属于这一种。组成这些物体的简单形体有：正方体、长方体（统称为长方体）；棱柱、棱锥、棱台（统称为斜面体）。见图 2-10。

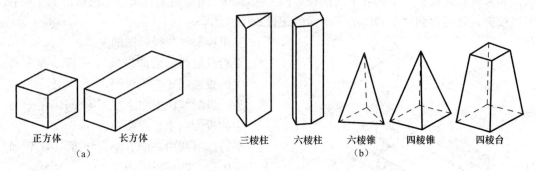

图 2-10 平面体
(a) 长方体；(b) 斜面体

1. 长方体的投影

把长方体（例如砖）放在三个相互垂直的投影面之间，方向位置摆正，即长方体的前、后面与 V 面平行；左、右面与 W 面平行；上、下面与 H 面平行。这样所得到的长方体的三面正投影图，反映了长方体的三个面的实际形状和大小，综合起来，就能说明它的全部形状（图 2-11）。

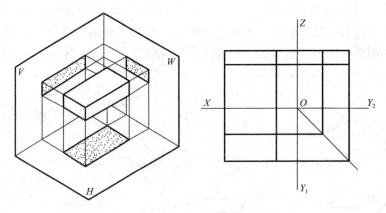

图 2-11 长方体的投影

2. 斜面体的投影

（1）斜面体

凡是带有斜面的平面体，统称为斜面体。棱柱（不包括四棱柱）、棱锥、棱台……都是斜面体的基本形体。

（2）斜面和斜线

斜面和斜线都是对一定的方向而言的。在制图中，斜面、斜线是指物体上与投影面倾斜的面和线。分析一个斜面体，首先需明确物体在三个投影面之间的方向和位置，才能判断哪些面或线是斜面或斜线。例如，同一个木楔子，按图 2-12（a）位置，就只有一个斜面两条斜线，按图 2-12（b）位置，就有两个斜面四条斜线。

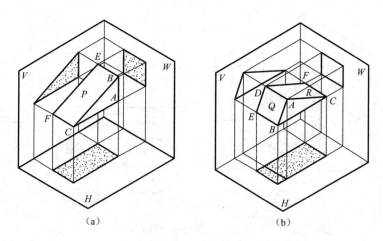

（a）　　　　　　　　　　（b）

图 2-12　斜面体

斜面的形状及倾斜的方向、角度（坡度）虽然有各种不同情况，但按其与投影面的关系可以归纳为两种：一种是与两个投影面倾斜，与第三投影面垂直，叫做斜面；另一种是与三个投影面都倾斜，称为任意斜面。

斜线也可以归纳为两种：一种是与两个投影面倾斜，与第三投影面平行，叫做斜线；另一种是与三个投影面都倾斜，称为任意斜线。

（3）斜面体的投影

以木楔的正投影图（图 2-13）来分析其特点。

P 面是一个斜面，它与 V 面垂直，投影积聚为一条线；与 H、W 面倾斜，投影形状缩小。

AB 是一条斜棱线，它与 V 面平行，投影反映 AB 实长和倾斜角度；与 H、W 面倾斜，投影缩短。

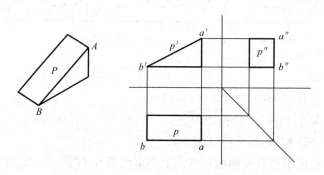

图 2-13　木楔的正投影图

2.5　曲面体的投影

1. 圆柱体的投影

以柱轴线垂直于 H 面的圆柱为例（图 2-14）来分析其特点。

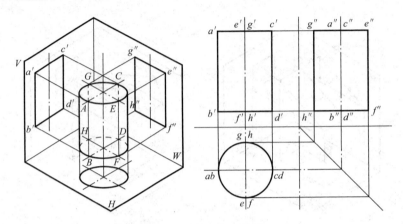

图 2-14　圆柱体的投影

（1）柱面在 V 面和 W 面的投影是它的轮廓线的投影。如：

在 V 面上的投影是由正面轮廓 AB 和 CD 产生的；

在 W 面上的投影是由侧面轮廓 EF 和 GH 产生的。

（2）圆柱面是一个直线曲面。柱面上的所有素线都垂直于 H 面，因此整个柱面也垂直于 H 面，其投影积聚为一个圆，与圆柱体的上下底的投影相重合。了解柱面投影的积聚性很重要，如图 2-15 表示出由于柱面垂直于投影面，因此柱面上的任何点或线的投影也都积聚在圆周上。

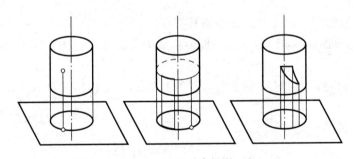

图 2-15　柱面垂直投影面

2. 圆锥体的投影

以圆锥体轴线垂直于 H 面为例来分析其特点。

（1）圆锥面在 V 面和 W 面的投影由 SA、SB 和 SC、SD 这四条素线产生，SA、SB 和 V 面平行，SC、SD 和 W 面平行（图 2-16）。

（2）圆锥体的锥面也是直线曲面，锥面上的素线都和 H 面成一定角度，因此圆锥的水平投影图为一圆形，不但是锥底的投影，同时也是锥面的投影。圆心 S 点是锥顶的投影。

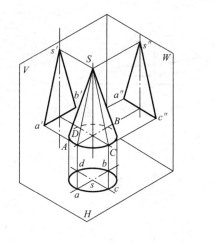
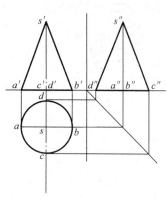

图 2-16　圆锥体的投影

2.6　投影在建筑工程中的应用

1. 透视图

用中心投影法将建筑形体投射到一投影面上得到的图形称为透视图。

透视图符合人的视觉习惯，能体现近大远小的效果，所以形象逼真，具有丰富的立体感，常用于绘制建筑效果图，而不能直接作为施工图使用。透视图如图 2-17 所示。

2. 轴测图

将空间形体放正，用斜投影法画出的图或将空间形体斜放，用正投影法画出的图称为轴测图，如图 2-18（a）所示。

图 2-17　建筑物的透视图

某些方向的物体，作图比透视图简便。所以在工程上得到广泛应用。

3. 正投影图

用正投影法画出的图形称为正投影图。

正投影图由多个单面图综合表示物体的形状。图中，可见轮廓线用实线表示，不可见轮廓线用虚线表示。正投影图在工程上应用最为广泛，如图 2-18（b）所示。

4. 标高投影图

某一局部的地形，用若干个水平的剖切平面假想截切地面，可得到一系列的地面与剖切平面的交线（一般为封闭的曲线）。然后用正投影的原理将这些交线投射在水平的投影面上，从而表达该局部地形，就是该地形的投影图。用标高来表示地面形状的正投影图称为标高投影图。如图 2-19 中，每一条封闭的标高均相同，称为"等高线"。在每一等高线上应注写其标高值（将等高线截断，在断裂处标注标高数字），以米为单位，采用的是绝对标高。

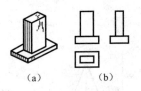
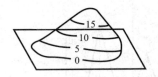
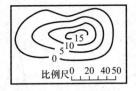

图 2-18　轴测图及正投影图　　　　　　　　图 2-19　标高投影图
（a）形体的轴测图；（b）形体的正投影图

2.7　剖面图与断面图

2.7.1　剖面图

1. 剖面图的形成

假想用一个剖切面将形体剖切开，移去剖切平面与观察者之间的那部分，然后作出剩余部分的正投影图，叫做剖面图（图 2-20）。

2. 剖切符号

剖切符号是由剖切线、剖视方向线及剖面编号组成的（图 2-21）。

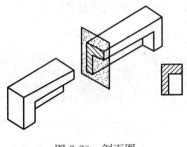
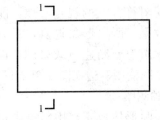

图 2-20　剖面图　　　　　　　　　　　　图 2-21　剖切符号

剖切线表示剖切平面剖切物体的位置，如图 2-20 所示。剖切线用断开的两段粗实线表示。

剖面编号是用来对剖面图进行编号的，注写在剖视方向线的端部；此编号也标注在相应剖面图的下方。剖面编号一般用数字来表示。

3. 剖面图的种类

（1）全剖面图

用剖切平面将物体全部剖开后，画出的剖面图称为全剖面图。如图 2-22 就是全剖面图。全剖面图需标注剖切线与剖视方向线，但当剖切平面与物体的对称面重合，且全剖面图又处于基本视图的位置时，可不标注。

（2）阶梯剖面图

假想用两个相互平行的剖切平面将物体剖切后所画的剖面图称为阶梯剖面图。图 2-23（a）是剖面图的立体图；图 2-23（b）是 1-1 剖面平面图，即阶梯剖面图，表示剖切位置和投影方向；图 2-23（c）是 1-1 剖面立面图。

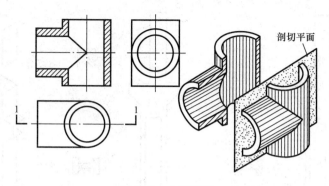

图 2-22 全剖面图

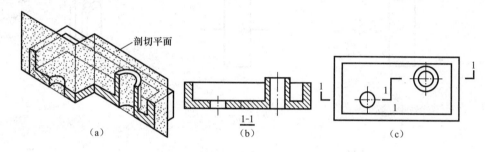

图 2-23 阶梯剖面图

(a) 剖面图的立体图；(b) 1-1 剖面平面图；(c) 1-1 剖面立面图

2.7.2 断面图

1. 断面图的形成

假想用剖切面剖切物体时，画出剖到部分的图形叫做断面图（图 2-24）。

2. 断面图的标注

断面图的标注与剖面图类似，只是没有剖视方向线，用数字的位置来表示投影方向，图 2-24 中 1-1 是表示向下投影。

3. 断面图的种类

（1）移出断面图

有两种表示法，一种是把断面图画在图纸上的任意位置，但必须在剖切线处和断面图下方加注相同的编号，如图 2-24（a）中的 1-1 断面图；二是将断面图画在投影图之外，可画在剖切线的延长线上，如图 2-24（b）中的断面图。

（2）重合断面图

把剖切得到的断面图画在剖切线下并与投影图重合，称为重合断面图。重合断面图不标注剖切位置线及编号（图 2-25）。

（3）中断断面图

设想把形体分开，把断面图画在分开处，可不必标注剖切位置线及编号（图 2-26）。重合断面图和中断断面图都省去了标注符号，更便于查阅图纸。

23

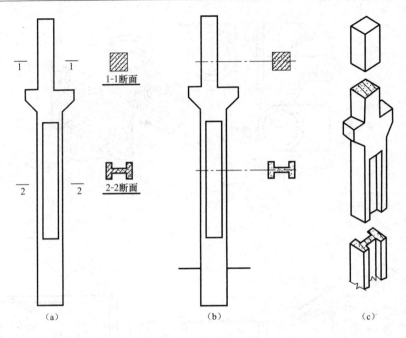

图 2-24 移出断面图

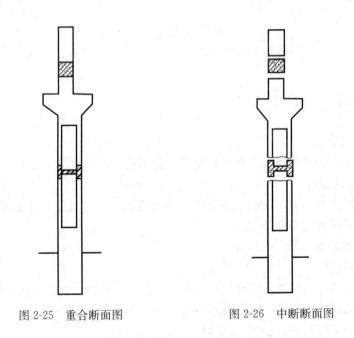

图 2-25 重合断面图   图 2-26 中断断面图

习　　题

2.1 投影是如何产生的?

2.2 投影是如何分类的?

2.3 点、线、面正投影的基本规律是什么?

2.4 三面正投影图是如何形成的？试画出某一物体的三面正投影图。

2.5 圆柱体的投影有何特点？

2.6 建筑工程中常用的投影图有哪些？

2.7 剖面图是如何形成的，有哪些种类？

2.8 断面图是如何形成的，有哪些种类？

第3章 房屋建筑施工图概述

3.1 房屋的组成

房屋建筑主要由三大部分组成：①屋顶部分；②墙身及楼地面部分；③地基、基础部分。

屋顶部分，按形式可分为坡屋顶与平屋顶两类；按构造应包括：结构层、隔热保温层、防水层三部分。以我国的传统民居为例，南方因多雨多做成坡顶，北方则因少雨而多做成平顶。

墙身及楼地面部分应包括：门窗、楼梯、楼板、踢脚、勒脚、散水等构配件。

地基、基础部分，有条形基础、独立基础、筏形基础等。条形基础一般用在墙身下面，独立基础则用于独立的柱子下面。

图3-1为一幢以砖、木、钢筋混凝土为主要材料的"砖混结构"房屋构造及各部分名称的示意图。

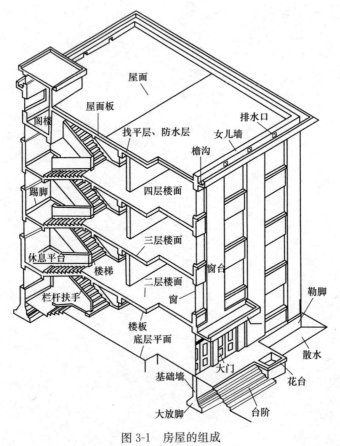

图 3-1 房屋的组成

3.2　房屋施工图设计程序

建造房屋要经过设计与施工两个过程，房屋的设计工作是由建筑、结构、给水排水、供暖通风、电气照明等许多不同专业的专业技术人员互相配合而完成的。

设计过程中，为研究设计方案和审批用的图称为方案设计图，指导施工用的图称为施工图，表示已经建成的房屋图称为竣工图。

房屋一般设计按以下程序进行：

（1）方案设计。设计人员根据建设单位提出的设计任务书，经过周密的分析及构思，用草图的形式提出几种设计方案，称为方案图，供分析、比较、选定方案用。

（2）初步设计。将选定的方案绘成一定深度的图，内容有：房屋的总平面布置、房间布置、房屋外形、基本构件选型、房屋的主要尺寸和经济指标等，供送有关部门审批用。

（3）技术设计。根据审批的初步设计，对各工种进行协调与统一，进一步确定具体的构造设计和结构计算，为绘制施工图提供依据。

（4）施工图设计。为施工提供一套完整图纸，图纸能反映房屋整体和细部全部内容。

在中小型建筑设计过程中，通常把初步设计和技术设计合并为一个阶段进行，称为扩大初步设计。

3.3　房屋施工图的种类

施工图根据不同的专业内容可分为：

（1）建筑施工图（简称建施）。设计内容有：房屋的总体布局、内外形状、大小、构造等；相应的图有总平面图、平面图、立面图、剖面图、详图等。

（2）结构施工图（简称结施）。设计内容有：房屋承重构件的布置、构件的形状、大小、材料、构造等；相应的图有结构平面布置图、构件详图等。

（3）设备施工图。相应的图有给水排水、供暖通风、电气照明等各种施工图，其内容有各工种的平面布置图、系统图等，分别简称为"水施""电施"等。

3.4　房屋施工图的特点

（1）建筑施工图是用正投影法表示的，因房屋的形体都很庞大，图形要用缩小比例画出。按建筑制图标准中规定的画法表示。

（2）建筑施工图中材料及做法等，用建筑制图标准中规定的图例与符号表达，做法则常用文字注解的方法表达。

（3）施工图中有许多做法、配件采用标准定型设计，并有标准设计图集可供使用。采用标准定型设计之处，只要标出标准图集的编号、页数、图号就可以了。

（4）施工图中线型变化较大，绘图时应掌握好图线宽度对比关系，才能使图面清晰，主次分明。

习　题

3.1 房屋建筑主要由哪些部分组成，各部分又包括哪些内容？

3.2 房屋一般有哪些设计程序？

3.3 什么称方案设计图，什么称施工图？

3.4 施工图根据专业是如何划分的？

3.5 房屋施工图有哪些特点？

第4章 建筑施工图

4.1 建筑总平面图

1. 形成

总平面图就是用正投影方法表达较大范围的平面图，根据建设目的和要求的不同，有专为表达某一小区、某一工厂总体布局的总平面图；也有专为平整场地、修筑道路、进行绿化的总平面图。图 4-1 为一新建单栋房屋建筑施工图的总平面。

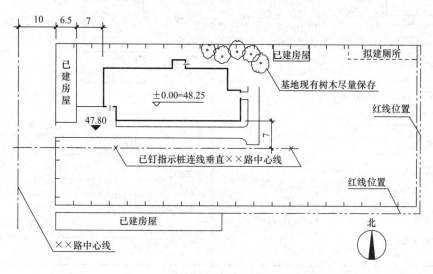

图 4-1　总平面图

2. 比例

总平面图常用的比例有 1∶500、1∶1000；1∶2000。单位为米（m）。总平面图中所表达的对象，要用《总图制图标准》GB/T 50103—2010 中规定的图例表示。表 4-1 中列举了总平面图中部分常见的图例。

3. 房屋的定位

房屋的总平面图，如新建房屋周围有原有建筑物作为依据时，则可以直接注出与它们的相对位置尺寸，如图 4-1 中的"7"；如无原有建筑物作为依据时，应以地形图上的城市坐标网格定位，这时，要在新建房屋的左下，右上角标注该角点的坐标值，如图 4-2。

29

总平面图中部分常见的图例　　　　　　　　　　　　表 4-1

名　称	图　例	备　注	名　称	图　例	备　注
新建建筑物	*X=*　*Y=*　①　12*F*/2*D*　*Y*=59.00m	新建建筑物以粗实线表示与室外地坪相接处±0.00外墙定位轮廓线　建筑物一般以±0.00高度处的外墙定位轴线交叉点坐标定位。轴线用细实线表示，并标明轴线号　根据不同设计阶段标注建筑编号，地上、地下层数，建筑高度，建筑出入口位置（两种表示方法均可，但同一图纸采用一种表示方法）　地下建筑物以粗虚线表示其轮廓　建筑上部（±0.00以上）外挑建筑用细实线表示　建筑物上部连廊用细虚线表示并标注位置	室内地坪标高	151.00　(±0.00)	数字平行于建筑物书写
			室外地坪标高	143.00	室外标高也可采用等高线
			盲道		—
			地下车库入口		机动车停车场
			地面露天停车场		—
			露天机械停车场		露天机械停车场
原有建筑物		用细实线表示	新建的道路	0.3%　100.00　*R*=6.00　100.00　107.50	"*R*=6.00"表示道路转弯半径；"107.50"为道路中心线交叉点设计标高，两种表示方式均可，同一图纸采用一种方式表示；"100.00"为变坡点之间距离，"0.30%"表示道路坡度一，表示坡向
计划扩建的预留地或建筑物		用中粗虚线表示			

4. 标高

房屋室内外高度，在总平面图中要用标高符号标注，见表 4-1。标高符号大小和画法见图 4-3。总平面图上室外地坪整平后的标高用涂黑的三角形表示，其大小和画法，如图 4-4 所示。

5. 指北针

总平面图上均画有指北针，说明建筑的方位（图 4-5）。

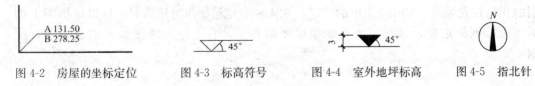

图 4-2　房屋的坐标定位　　　图 4-3　标高符号　　　图 4-4　室外地坪标高　　　图 4-5　指北针

4.2　建筑平面图

4.2.1　形成

假想用一个水平剖切平面在房屋窗台以上的位置，将房屋水平剖切开，移开剖切平面以上的部分，用正投影方法绘出剩留部分的水平剖面图，叫做建筑平面图，如图4-6。

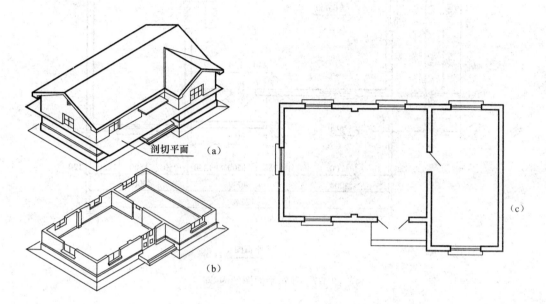

图 4-6　建筑平面图形成

4.2.2　图示内容

平面图中应有：承重墙、柱的形状、大小及定位轴线，房间的布局及名称，室内外不同地面的标高，门窗图例及编号，室内固定设备，图的名称和比例等。剖到的剖面轮廓的建筑材料应该用图例表示。该建筑物各部分长和宽的尺寸也应标出，见图4-7。

4.2.3　有关规定及习惯画法

1. 比例
常用比例为1：50、1：100、1：200；必要时也可以用1：150、1：300。

2. 图线
被剖切到的主要建筑构造（包括构配件）的轮廓线用粗实线（b），被剖切到的次要建筑构造（包括构配件）的轮廓线用中实线（$0.5b$），其他图形线、图例线、尺寸线、尺寸界线等用细实线（$0.3b$）。

3. 定位轴线与编号
承重的柱或墙体均应标有轴线，称定位轴线。定位轴线采用细点画线表示，定位轴线

31

均应编号。

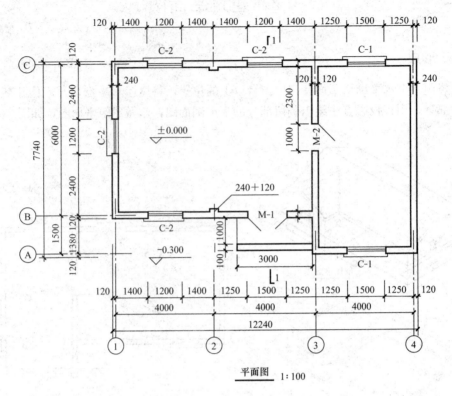

平面图 1:100

图 4-7　建筑平面图的内容

编号的方法：在轴线的一端画一直径为 8mm 的编号圆圈（详图可增大到 10mm）；圆圈内的编号，横向用阿拉伯数字由左向右顺序注写，竖向用大写拉丁字母由下向上顺序注写，不得使用其中 I、O、Z 三个字母。

4. 门窗图例及编号

建筑平面图中的门窗用图例表示，并注上代号及编号。如门的代号为"M"；窗的代号为"C"。表 4-2 为常见的门窗图例。

5. 尺寸的标注与标高

建筑平面图中应在图形的四周沿横向、竖向分别标注互相平行的三道尺寸。

第一道尺寸——以定位轴线为基准，标注出墙垛的分段尺寸，即门窗定位尺寸及门窗洞口尺寸。

第二道尺寸——轴线尺寸，标注轴线之间的距离，开间或进深尺寸。

第三道尺寸——外包尺寸，即总长和总宽。

台阶、花池、散水等的尺寸也应标注。内部应标注房间的净长和净宽、地面标高、内墙上门窗洞口的大小及其定位尺寸等。

6. 文字与索引

图样中也可标注文字说明、索引号等。

常见门窗图例

表 4-2

名　称	图　例	备　注	名　称	图　例	备　注
单面开启单扇门（包括单面平开或单面弹簧）		1. 门的名称代号用 M 表示 2. 平面图中，下为外，上为内门开启线为 90°、60° 或 45°，开启弧线宜绘出 3. 立面图中，开启线实线为外，虚线为内开。开启线交角的一侧为安装合页一侧。开启线在建筑立面图中可不表示，在门窗立面大样图中根据需要绘出 4. 剖面图中，左为外，右为内 5. 附加纱扇应以文字说明，在立、剖面图中均不表示 6. 立面形式应按实际情况绘制	单面开启双扇门（包括单面平开或单面弹簧）		1. 门的名称代号用 M 表示 2. 平面图中，下为外，上为内门开启线为 90°、60° 或 45°，开启弧线宜绘出 3. 立面图中，开启线实线为外，虚线为内开。开启线交角的一侧为安装合页一侧。开启线在门窗立面大样图中需绘出 4. 剖面图中，左为外，右为内 5. 附加纱扇应以文字说明，在立、剖面图中均不表示 6. 立面形式应按实际情况绘制
双面开启单扇门（包括双面平开或双面弹簧）			双面开启双扇门（包括双面平开或双面弹簧）	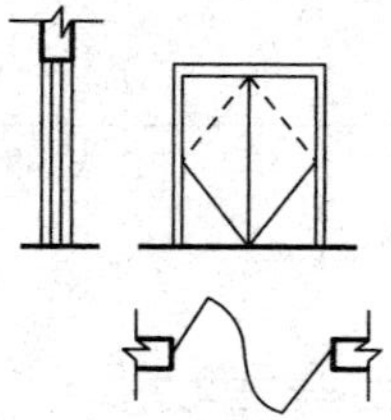	
双层单扇平开门			双层双扇平开门	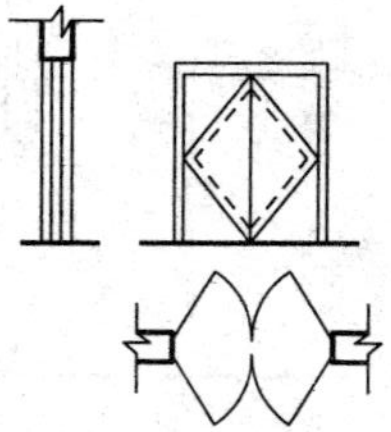	

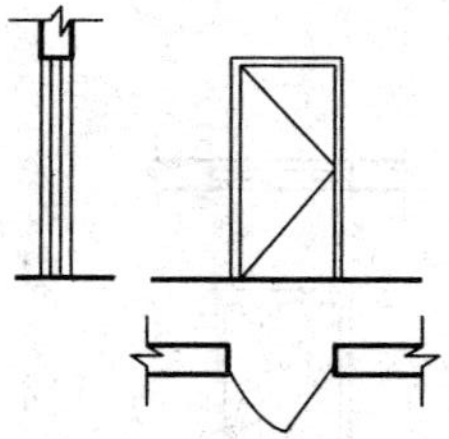

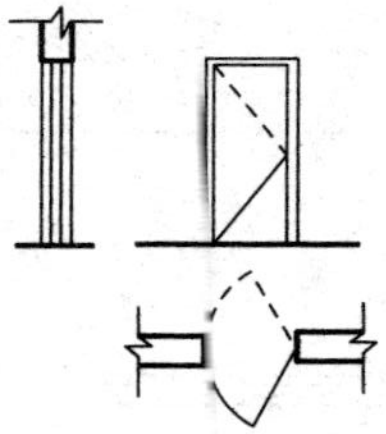

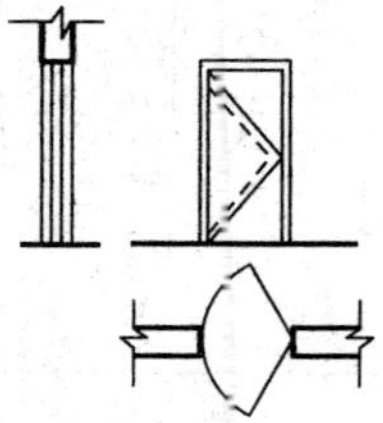

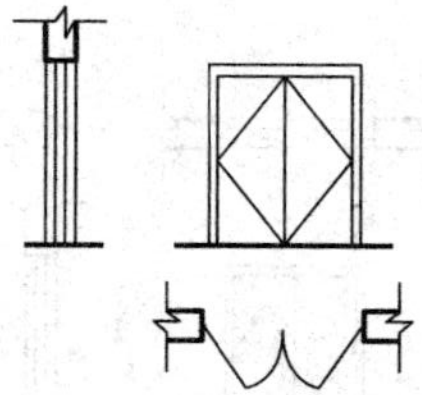

续表

名称	图例	备注
单层外开平开窗		1. 窗的名称代号用C表示 2. 平面图中,下为外,上为内 3. 立面图中,开启线实线为外开,虚线为内开。开启线交角的一侧为安装合页一侧。开启线在门窗立面图中可不表示,在建筑立面大样图中需绘出 4. 剖面图中,左为外,右为内。虚线仅表示开启方向,项目设计不表示 5. 附加纱窗应以文字说明,在平、剖面图中均不表示 6. 立、剖面形式应按实际情况绘制
单层内开平开窗		
立转窗		1. 窗的名称代号用C表示 2. 平面图中,下为外,上为内 3. 立面图中,开启线实线为外开,虚线为内开。开启线交角的一侧为安装合页一侧。开启线在门窗立面图中可不表示,在建筑立面大样图中需绘出 4. 剖面图中,左为外,右为内。虚线仅表示开启方向,项目设计不表示 5. 附加纱窗应以文字说明,在平、剖面图中均不表示 6. 立、剖面形式应按实际情况绘制
内开平开内倾窗		

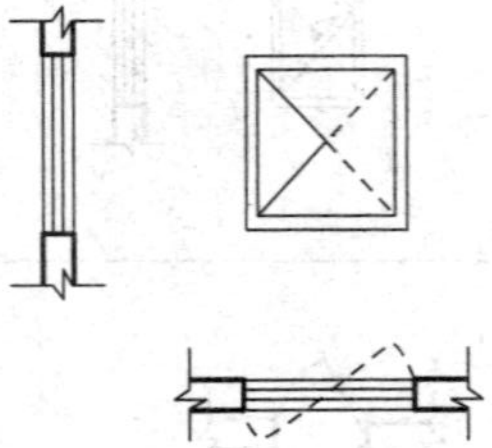

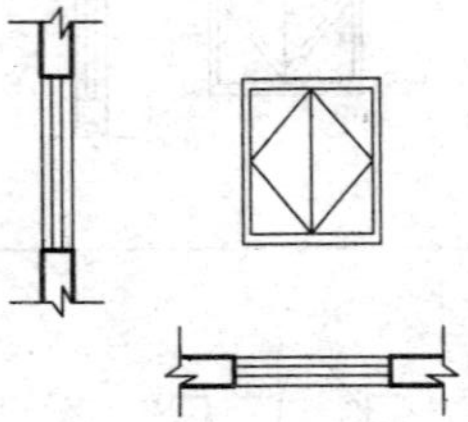

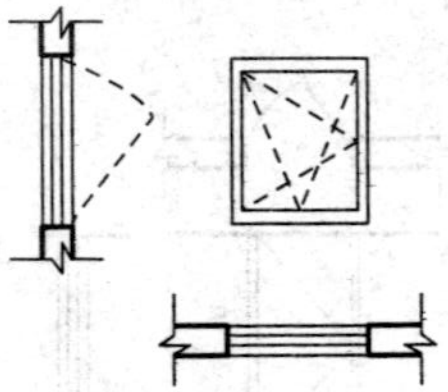

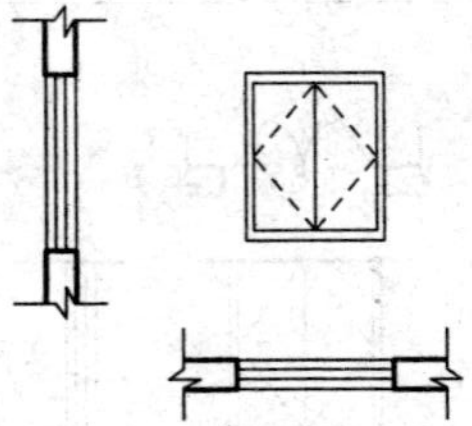

4.3　建筑立面图

4.3.1　形成

把房屋各个立面用正投影方法画出的图形为建筑立面图，如图 4-8。

4.3.2　图示内容

建筑立面图的内容有房屋外形外貌，有门窗，有外墙表面的建筑材料、装饰做法等。如图 4-9。

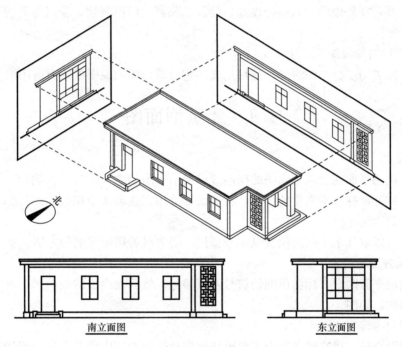

南立面图　　　　　　　　　　　　　东立面图

图 4-8　建筑立面图的形成

4.3.3　有关规定及习惯画法

1. 命名

有定位轴线的建筑物，其立面图应根据定位轴线编排立面名称。如：①～⑥立面图，Ⓐ～Ⓒ立面图（图 4-10）。也可以方向命名，如南立面图等。

2. 比例

常用的有 1：100、1：200、1：50。

3. 图线

立面图要有立体感，图线要求有层次，一般的表现形式如下：

外包轮廓线用粗实线，主要轮廓线用中粗线，细部图形轮廓线用细实线，房屋下方的室外地坪线用 1.4b 的粗实线。

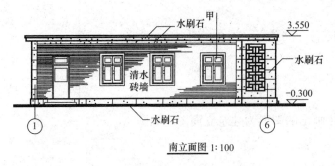

南立面图 1:100

图 4-9　建筑立面图的内容

东立面图 1:100

图 4-10　立面图的名称

4. 标高

建筑立面，室外地面、入口处地面、勒脚、窗台、门窗洞顶、檐口等处应标注相对标高。

5. 建筑材料与做法

图形上除表明了材料图例外，还可用文字进行较详细的说明或索引通用图的做法。

4.4　建筑剖面图

1. 形成

假想用剖切平面在建筑平面图的横向或纵向沿房屋的主要入口、窗洞口、楼梯等处将房屋垂直地剖开，移去不需要的部分，将剩余部分用正投影法绘制成的图样称为建筑剖面图，如图 4-11 所示。

剖切时可以取几个不同的位置纵剖或横剖。必要时可用阶梯剖的方法。

2. 图示方法与内容

建筑底层平面图中，标注出剖切符号及其编号，然后在绘出的剖面图下方写上相应的剖面编号名称，如图 4-11。

剖面图的内容有（图 4-12）：

（1）索引符号。建筑剖面图中需要更详尽表达的地方，用索引方法指明详图所在图号及详图编号。

（2）标高。凡是剖面图反映出不同高度的部位，包括楼面、顶棚、屋面、楼梯休息平台、地下室地面等都应标注相对标高。

（3）尺寸标注。外部高度尺寸一般注三道：

第一道尺寸——图形最近的一道尺寸，以层高为基准标注窗台、窗洞顶（或门洞顶以及门窗洞口的高度尺寸）。

第二道尺寸——两楼层间的高度尺寸，即层高。

第三道尺寸——总高度尺寸。

内部尺寸主要标注内墙的门窗洞口尺寸及其定位尺寸、其他细部尺寸等。

3. 有关规定与习惯画法

（1）比例与图线，要求同建筑平面图。

（2）索引标志，详见本章建筑详图。

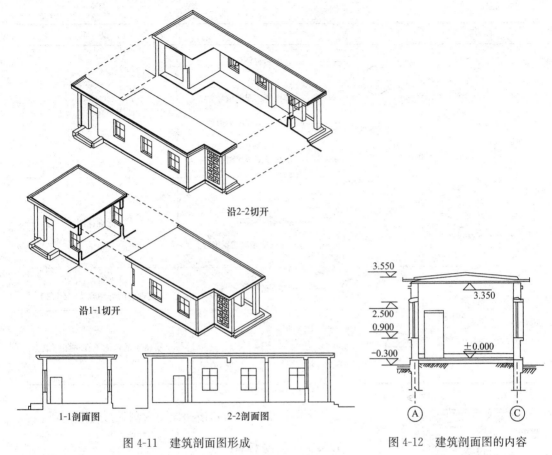

图 4-11 建筑剖面图形成   图 4-12 建筑剖面图的内容

（3）多层构造说明，如需要直接在建筑剖面图上表明构造做法，可用多层构造引出线作文字说明，文字说明的次序应与构造层次一致。

4.5 建筑详图

建筑详图是房屋建筑各部位细部构造的局部放大图样，用较大的比例绘制，有 1：1、1：2、1：5、1：10、1：20、1：50 等。

为了表明详图绘制的部分所在平立面的图号和位置，常用索引符号，把详图与基本图样联系起来，见表 4-3 所列。

常用的索引和详图的符号   表 4-3

名　称	符　号	说　明
详图的索引	详图的编号 详图在本张图纸上 局部剖面详图的编号 剖面详图在本张图纸上	细线圆 ϕ10mm 详图在本张图上

37

续表

名　称	符　号	说　明
详图的索引	⑤/④　详图的编号 详图所在图纸编号 ⑤/④　局部剖面详图的编号 剖面详图所在图纸编号	详图不在本张图上
	⑤/④　标准图册编号 标准详图编号 详图所在的图纸编号	标准详图
详图的标志	⑤　详图的编号	粗线圆 ϕ14mm 被索引的详图在本张图纸上
	⑤/②　详图的编号 被索引的详图所在图纸的编号	被索引的详图不在本张图纸上

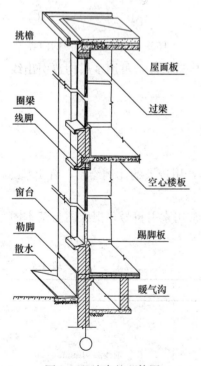

挑檐
圈梁
线脚
窗台
勒脚
散水
屋面板
过梁
空心楼板
踢脚板
暖气沟

图 4-13　墙身的立体图

下面以墙身详图和楼梯详图为例进行介绍。

4.5.1　墙身详图

墙身详图就是放大了的墙身剖面图，它详细表达了墙身各处的做法。图 4-13 为墙身的立体图。

1. 墙身详图的内容

墙身详图主要有三部分内容（图 4-14）：

（1）墙脚部分

标有散水、勒脚、地面的做法以及防潮层的位置。

（2）楼层、窗台、窗顶部分

标有窗台和窗顶的构造，过梁的类型，圈梁和楼面的做法，楼板与墙的搭接关系等。

（3）屋檐部分

标有挑檐板或女儿墙的构造，以及屋面的做法等。

此外，还要用文字注明地面、楼面、屋面、散水等的做法。

2. 墙身详图的标高与尺寸标注

（1）标高

墙身详图有室内底层地面、楼层地面、顶棚（或吊顶）、室外地面、窗台、门窗洞顶、檐口下皮等部位的相对标高。

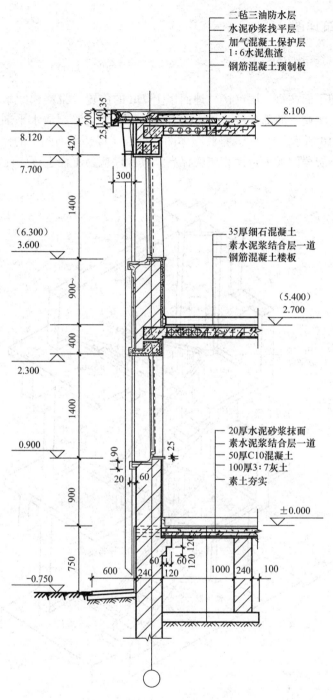

二毡三油防水层
水泥砂浆找平层
加气混凝土保护层
1:6水泥焦渣
钢筋混凝土预制板

8.100

35厚细石混凝土
素水泥浆结合层一道
钢筋混凝土楼板

（5.400）
2.700

20厚水泥砂浆抹面
素水泥浆结合层一道
50厚C10混凝土
100厚3:7灰土
素土夯实

±0.000

图 4-14　墙身详图的内容

（2）尺寸标注

总体尺寸——室外地面到檐口底面的竖向高度。

勒脚、墙身、门窗洞口的高度尺寸。

细部尺寸——散水、窗台板、檐口等。

4.5.2　楼梯建筑详图

楼梯平面图内容与画法如下：

1. 形成

假想用一剖切平面在每一层（楼）地面以上 1m 的位置，将楼梯间水平切开，移去剖切平面以上部分，将剩下的部分按正投影的方法向下投影，绘制成水平剖面图，即"楼梯平面图"。如图 4-16 所示。图 4-15 是其立体图。标准层楼梯平面图中的楼层地面和楼梯休息平台上应标注各层楼面及平台面相应的标高，其次序应由下而上逐一注写。

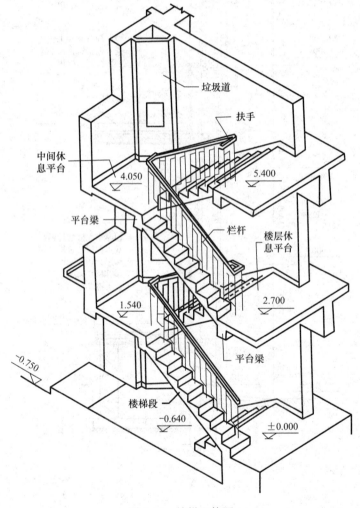

图 4-15　楼梯立体图

2. 内容

楼梯平面图中，应标有梯段的长度和宽度、上行或下行方向、踏步数和踏面宽、楼梯平台、栏杆位置等，其尺寸、标高、楼梯间的轴线、编号、墙厚、门窗洞口、雨篷等也应表达清楚。

3. 规定要求与习惯画法

（1）梯段被剖切平面截断处画 45°折断符号；首层楼梯平面图中的 45°折断符号，应以楼梯平台板与梯段的分界处为起始点画出，使第一梯段的长度保持完整，如图 4-16。

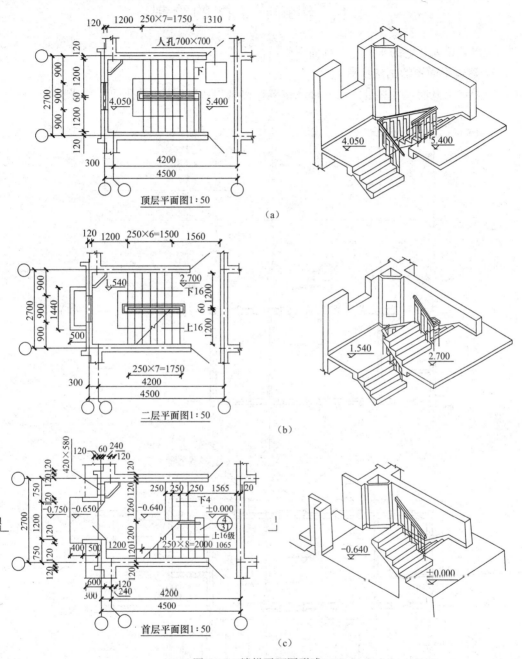

（a）

（b）

（c）

图 4-16 楼梯平面图形成

（2）梯段的上行或下行方向，必须以各层的楼地面为基准，向上者称上行，向下者称下行，并用长线箭头和文字在梯段及该楼层上注明上行、下行的方向。

（3）标高与尺寸

尺寸标注：楼梯平面图中，除要把"踏面宽度×踏面数（踏步数-1）＝梯段长度"的尺寸、楼梯平台宽的尺寸标注清楚外，还应标注楼梯间的开间、进深、墙厚等细部尺寸。

标高：室外地面、楼面、地面及楼梯平台地面都应标注出它们的相对建筑标高，如图 4-16。

4.6　建筑施工图的绘制

现以某单元住宅的平、立、剖面图为例说明。

1. 建筑平面图的画法步骤

（1）定出开间尺寸、进深尺寸轴线位置，再画出各轴线墙体的厚度，如图 4-17（a）。

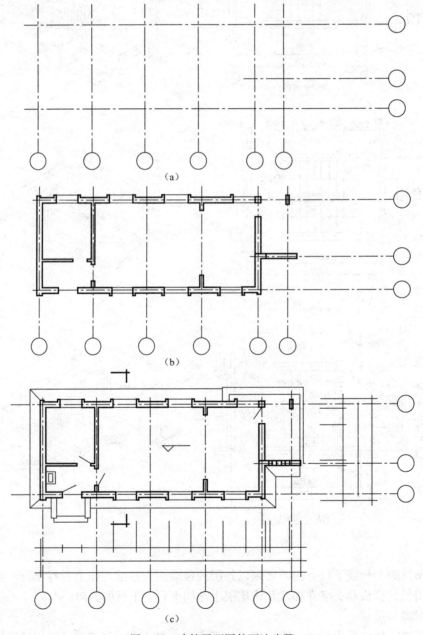

图 4-17　建筑平面图的画法步骤

（2）在墙体上确定门窗洞口的位置和大小，如图 4-17（b）。

（3）再画出台阶、散水等图例及阳台等细部。

（4）画出尺寸线、尺寸界线、索引符号、轴线编号，按线型要求加深图线，如图 4-17（c）。

2. 建筑立面图的画法步骤

（1）首先确定室外地坪线，然后画出建筑外轮廓线（总长、总高），以及凸出部分的墙垛或墙面的局部分界轮廓线、勒脚线等，如图 4-18（a）。

（2）确定每层楼的窗台高度线，再确定窗顶线，再根据平面图上窗洞口位置确定立面图上窗（或门）的位置和洞口形态，如图 4-18（b）。

（3）完成细部的作图。

（4）加深图线，标注标高和尺寸，写上墙面装修做法和索引符号，如图 4-18（c）。

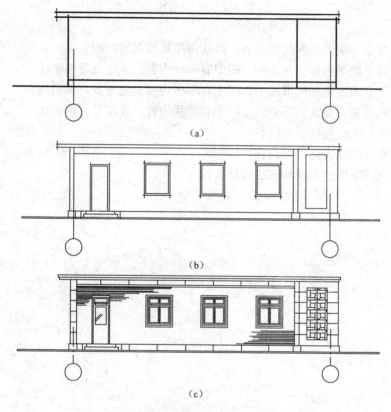

（a）

（b）

（c）

图 4-18 建筑立面图的画法步骤

3. 建筑剖面图的画法步骤

（1）首先确定被剖到的墙体轴线，然后画出相应的墙体的厚度，定出室外地坪线、室内地坪线，根据层高定出各楼层、屋顶的高度位置线，如图 4-19（a）。

（2）画出门窗洞、雨篷、楼梯，再画出投影后看到的门、窗、墙角等轮廓线，如图 4-19（b）。

（3）加深图线，画出尺寸线、尺寸界线、标高符号等，如图 4-19（c）。

（4）注写尺寸数字、标高数字及索引符号、轴线编号、剖面名称与比例等。

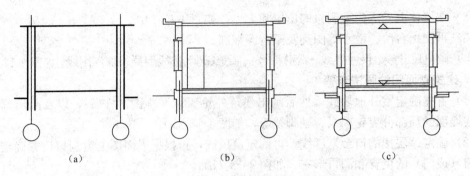

（a）　　　　　　　　（b）　　　　　　　　（c）

图 4-19　建筑剖面图的画法步骤

习　题

4.1　建筑总平面图是如何形成的，新建房屋是如何定位的？

4.2　建筑平面图是如何形成的，图中有哪些内容、规定及习惯画法？

4.3　建筑立面图是如何形成的，图中有哪些内容、规定及习惯画法？

4.4　建筑剖面图是如何形成的，图中有哪些内容、规定及习惯画法？

4.5　楼梯详图应包括哪些内容？

4.6　墙身详图应表达什么内容？

4.7　绘制施工图的步骤和方法是什么？

第 5 章 结构施工图

5.1 结构施工图概述

5.1.1 房屋结构与结构构件

建筑物都是由许许多多不同用途的建筑配件和结构构件组成的。图 5-1 房屋建筑中的基础、墙体、柱、梁、楼板等承重构件都属于房屋的结构构件，门、窗、墙板等都是用来满足采光、通风及遮风避雨的要求，属于建筑配件。

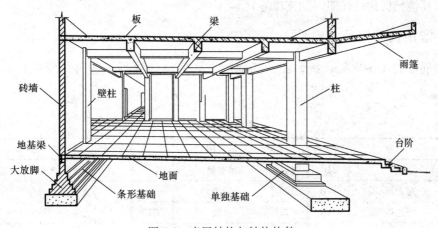

图 5-1 房屋结构与结构构件

5.1.2 建筑上常用结构形式

1. 按结构的承重方式分类

常见的有墙杜支撑梁板的砖混结构，板、梁、柱及自承重墙体只起围护作用的框架结构及桁架结构等结构形式。

2. 按建筑物的承重结构的材料分类

常见的有砖墙结构、钢筋混凝土结构、钢结构及其他建筑材料结构等。

5.1.3 结构施工图的作用

结构图是用来施工的，如放线、开挖基槽、做基础砖墙、模板放样、钢筋骨架绑扎、浇筑混凝土等，同时也用来编制工程造价、施工组织进度计划。

5.1.4 结构施工图的组成

1. 结构设计说明

是对结构施工图用文字辅以图表来说明的，如设计的主要依据、结构的类型、建筑材料的规格形式、基础做法、钢筋混凝土各构件、砖砌体、套用标准图的选用情况、施工注意事项等。

2. 结构构件平面布置图

通常包含以下内容：

（1）基础平面布置图（含基础截面详图）。

（2）楼层结构构件平面布置图。

（3）屋面结构构件平面布置图。

3. 结构构件详图

（1）梁类、板类、柱类及基础等构件详图（包括预制构件、现浇结构构件等）。

（2）楼梯结构详图。

（3）屋架结构详图（包括钢屋架、木屋架、钢筋混凝土屋架）。

（4）其他结构构件详图（如支撑等）。

5.1.5 常用构件代号

用钢筋混凝土做成梁、板、柱、基础等，称为钢筋混凝土构件。常用构件代号见表 5-1。

常用构件代号　　　　　　　　　　　　　　表 5-1

序 号	名 称	代 号	序 号	名 称	代 号	序 号	名 称	代 号
1	板	B	15	吊车梁	DL	29	基础	J
2	屋面板	WB	16	圈梁	QL	30	设备基础	SJ
3	空心板	KB	17	过梁	GL	31	柱	ZH
4	槽形板	CB	18	连系梁	LL	32	柱间支撑	ZC
5	折板	ZB	19	基础梁	JL	33	垂直支撑	CC
6	密肋板	MB	20	楼梯梁	TL	34	水平支撑	SC
7	楼梯板	TB	21	檩条	LT	35	梯	T
8	盖板或沟盖板	GB	22	屋架	WJ	36	雨篷	YP
9	挡雨板或檐口板	YB	23	托架	TJ	37	阳台	YT
10	吊车安全走道板	DB	24	天窗架	GJ	38	梁垫	LD
11	墙板	QB	25	框架	KJ	39	预埋件	M
12	天沟板	TGB	26	刚架	GJ	40	天窗端壁	TD
13	梁	L	27	支架	ZJ	41	钢筋网	W
14	屋面梁	WL	28	柱	Z	42	钢筋骨架	G

注：1. 预制钢筋混凝土构件、现浇钢筋混凝土构件、钢构件和木构件，一般可直接采用本表中的构件代号。在设计中，当需要区别上述构件种类时，应在图纸上加以说明。

2. 预应力钢筋混凝土构件代号，应在构件代号前加注"Y-"，如 Y-DL 表示预应力钢筋混凝土吊车梁。

5.2 钢筋混凝土构件详图

5.2.1 钢筋混凝土构件的概念

将水泥、砂子、石子和水四项材料按一定比例配合，经过搅拌、振捣、密实和养护、凝固，形成坚硬的混凝土。

混凝土的特点是抗压强度较高，抗拉能力极低，容易受拉力断裂。碳素钢材抗拉及抗压强度都极高，在实际工程中把钢材与混凝土结合在一起，使钢材承受拉力，混凝土承受压力，这样形成的建筑材料就叫钢筋混凝土。

5.2.2 钢筋

1. 常用钢筋符号

钢筋混凝土结构设计规范中，钢筋按其强度和品种有不同的等级。每一类钢筋都用一个符号表示，表 5-2 是常用钢筋种类及符号。

常用钢筋种类及符号	表 5-2
钢筋种类	代 号
HPB300（Q235）（或旧 HPB235）	Φ
HPB335（如 20MnSi 螺纹钢）	Φ
HRB400（如 20MnSiNb）	Φ
HRB500（如 45SiMnV）	Φ

2. 钢筋的标注方法

钢筋的直径、根数及相邻钢筋中心距一般采用引出线的方式标注。常用钢筋的标注方法有以下两种。

（1）梁、柱中纵筋的标注

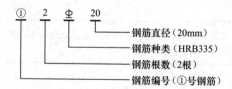

（2）梁、柱中箍筋的标注

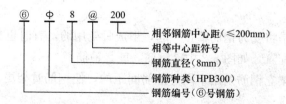

3. 常见钢筋图例

钢筋的一般表示方法应符合表 5-3 和表 5-4 的规定。

钢筋的端部形状及搭接 表 5-3

序 号	名 称	图 例	说 明
1	钢筋横断面	●	
2	无弯钩的钢筋端部		下图表示长、短钢筋投影重叠时，短钢筋的端部用 45°斜画线表示
3	带半圆形弯钩的钢筋端部		
4	带直钩的钢筋端部		
5	带丝扣的钢筋端部		
6	无弯钩的钢筋搭接		
7	带半圆弯钩的钢筋搭接		
8	带直钩的钢筋搭接		
9	花篮螺栓钢筋接头		
10	机械连接的钢筋接头		用文字说明机械连接的方式（或冷挤压或锥螺纹等）

钢筋的画法 表 5-4

序 号	说 明	图 例
1	在结构楼板中配置双层钢筋时，底层钢筋的弯钩应向上或向左，顶层钢筋的弯钩则向下或向右	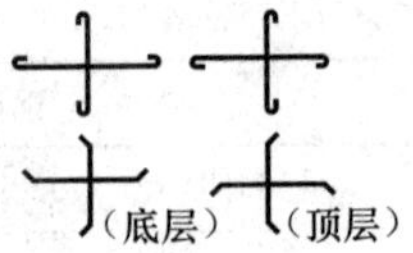 （底层）（顶层）
2	钢筋混凝土墙体配双层钢筋时，在配筋立面图中，远面钢筋的弯钩应向上或向左，而近面钢筋的弯钩向下或向右（JM 近面；YM 远面）	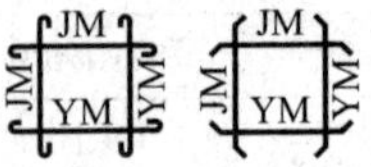
3	若在断面图中不能表达清楚的钢筋布置，应在断面图外增加钢筋大样图（如：钢筋混凝土墙、楼梯等）	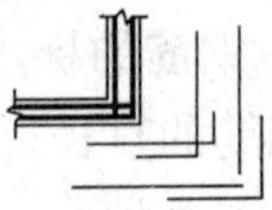
4	图中所表示的箍筋、环筋等若布置复杂时，可加画钢筋大样及说明	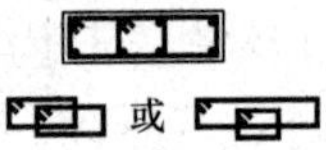 或
5	每组相同的钢筋、箍筋或环筋，可用一根粗实线表示，同时用一两端带斜短画线的横穿细线，表示其余钢筋及起止范围	

4. 钢筋的作用

（1）受力钢筋。承受拉力或承受压力的钢筋，用于梁、板、柱等。如图 5-2 中的钢筋①。

（2）箍筋。箍筋是将受力钢筋箍在一起，形成骨架用的，有时也承受外力所产生的应力。箍筋按构造要求配置。如图 5-2 中，钢筋⑤就是箍筋。

（3）架立钢筋。架立钢筋是用来固定箍筋间距的，使钢筋骨架更加牢固。如图 5-2 中的钢筋③。

（4）分布钢筋。分布钢筋主要用于现浇板内，与板中的受力钢筋垂直放置，主要是固定板内受力钢筋位置。如图 5-2 中的钢筋④。

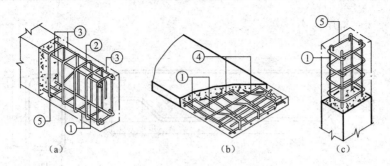

图 5-2 钢筋的名称

(a) 梁类；(b) 板类；(c) 柱类

(5) 支座筋。用于板内，布置在板的四周。

(6) 钢筋的混凝土保护层。为了防止钢筋锈蚀，加强钢筋与混凝土的粘结力，在构件中的钢筋外缘到构件表面应有一定的厚度，该厚度称为保护层。保护层的厚度应查阅设计说明。如设计无具体要求时，保护层厚度应按规范要求去做，也就是不小于钢筋直径，并应符合表 5-5 的要求。

钢筋的混凝土保护层厚度（mm）　　　　　　表 5-5

环境与条件	构件名称	混凝土强度等级		
		低于 C25	C25 及 C30	高于 C30
室内正常环境	板、墙、壳	15		
	梁和柱	25		
露天或室内高湿度环境	板、墙、壳	35	25	15
	梁和柱	45	35	25
有垫层	基础	35		
无垫层		70		

(7) 钢筋的弯钩。

受力钢筋为光圆钢筋时，为增强钢筋与混凝土之间共同工作的能力，常将钢筋端部做成弯钩形式，用来增强钢筋与混凝土之间的锚固能力。

弯钩的标准形式见表 5-6 所列。

钢筋弯钩的标准形式　　　　　　表 5-6

弯钩形状	180°弯钩	135°弯钩	90°弯钩
弯钩图形	$3d$ $2.5d$ d $6.25d$ 构件长-保护层	$3d$ $2.5d$ d $4.9d$ 构件长-保护层	$2.5d$ $3d$ d $3.5d$ 构件长-保护层
简易弯钩图形			
弯钩增加长	$6.25d$	$4.9d$	$3.5d$

(8) 钢筋的尺寸标注。受力钢筋的尺寸按外皮尺寸标注，如图 5-3 (a)。箍筋的尺寸

按内皮尺寸标注，如图 5-3（b）。

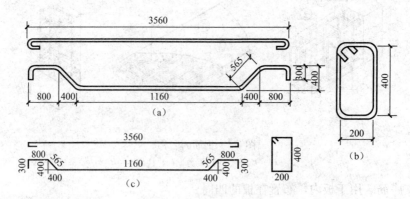

图 5-3　钢筋尺寸及其注法
(a) 受力钢筋的外皮尺寸；(b) 箍筋的内皮尺寸；(c) 钢筋简图的尺寸标注

钢筋简图的尺寸，可直接注在图例上，如图 5-3（c）。
每个弯钩长度，按表 5-6 要求计算；也可查表求得。

5.3　钢筋混凝土构件图示方式及内容

5.3.1　概述

钢筋混凝土构件分现浇构件、预制构件两种，是建筑工程中主要的结构构件，有梁、板、柱、楼梯等。详图一般包括模板图、配筋图、预埋件详图及钢筋表（或材料用量表）。而配筋图又分为立面图、断面图和钢筋详图。

1. 钢筋混凝土构件详图的作用

主要用来反映构件的长度、断面形状与尺寸及钢筋的形式与配置情况，也有用来反映模板尺寸、预留孔洞与预埋件的大小和位置，以及轴线和标高。

2. 图示特点及内容

构件详图一般情况只绘制配筋图，对较复杂的构件才画出模板图和预埋件详图。

5.3.2　立面图的形成

假想构件为一透明体而画出的一个纵向正投影图。它主要用来表明钢筋的立面形状及其排列的情况。构件的轮廓线（包括断面的轮廓线）在图中是次要的。所以钢筋应用粗实线表示，构件的轮廓线用细实线表示。详图中，箍筋只能看到侧面（一条线），当类型、直径、间距均相同时，可画出其中的一部分。见图 5-4。

5.3.3　断面图的形成

断面图是构件的横向剖切投影图，它能表示出钢筋的上下和前后的排列、箍筋的形状及构件断面形状或钢筋数量和位置。有不同之处，都要画一断面图，但不宜在斜筋段内截取断面。图中钢筋的横断面一般用黑圆点表示，构件轮廓线用细实线表示。见图 5-4。

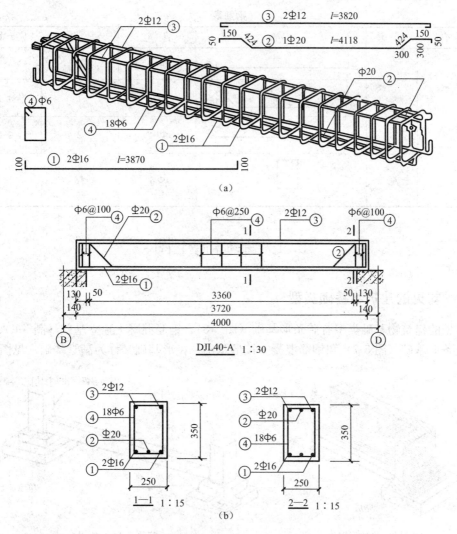

图 5-4 钢筋混凝土构件详图的形成
(a) 某梁的钢筋骨架；(b) 某梁的配筋图

立面图和断面图上都应注出一致的钢筋编号、直径、数量、间距等和留出规定的保护层厚度。

当配筋较复杂时，通常在立面图的正下方（或正上方）用同一比例画出钢筋详图。同一编号只画一根，并详细注明钢筋的编号、数量（或间距）、类别、直径及各段的长度与总尺寸。

5.3.4 钢筋表

钢筋表是钢筋混凝土构件的重要图示内容之一。它以表格的方式，把每一构件的钢筋类型分列出来。内容包括：构件名称、钢筋编号、钢筋简图、种类与直径、数量（根数）、长度等内容。

表 5-7 是图 5-4 中 DJL40-A 的钢筋表。

构件名称	编号	简图	直径	数量	长度（mm）
DJL₄₀₋ₐ	①	100 ⌐ 3670 ⌐ 100	Φ16	2	3870
	②	50 150 424 2870 424 150 50	Φ20	1	4118
	③	3670	Φ12	2	3820
	④	300 / 200	Φ6	18	1150

钢筋表 　　　　　　　　　　表 5-7

5.4 基础施工图

5.4.1 常见的建筑物基础类型

常见的建筑物基础类型有砖条形基础（图 5-5）、钢筋混凝土独立基础（图 5-6）、钢筋混凝土条形基础（图 5-7）和钢筋混凝土筏形基础。筏形基础又称为满堂基础（见图 5-8）。

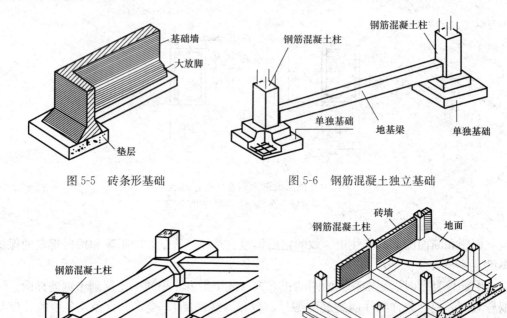

图 5-5 砖条形基础 　　　　　　　图 5-6 钢筋混凝土独立基础

图 5-7 钢筋混凝土条形基础 　　　　　图 5-8 筏形基础

5.4.2 基础图的内容与作用

基础图一般由基础平面图、基础断面图（详图）和说明三部分组成。主要为放线、开挖基槽或基坑、做垫层或砌筑基础提供依据。

5.4.3 基础平面图

1. 基础平面图的形成

假想有一个水平剖切面沿建筑物±0.000以下处将建筑物剖开，移去上面部分后所作的水平投影图，见图5-9。

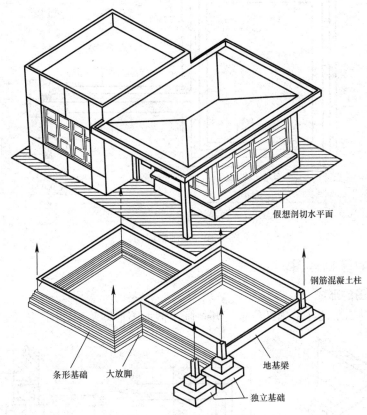

图 5-9 基础平面图的形成

2. 基础平面图的表示

（1）基础平面图中，剖到的基础墙、柱的边线要用粗实线画出，基础边线用中实线画出；在基础内留有的孔、洞及管沟位置用虚线画出。

（2）基础截面形状、尺寸不同时，需分别画出不同的基础详图，用不同的断面剖切符号标出，以便根据断面剖切符号的编号查阅基础详图。

不同类型的基础和柱分别用代号J1、J2…和Z1、Z2…表示。见图5-10。

（3）基础平面图应注意的事项：

1）基础平面图的比例应与建筑平面图相同。常用比例为1：100、1：200。

2）基础平面图的定位轴线及其编号和轴线之间的尺寸应与建筑平面图一致。

3）从基础平面图上可看出基础墙、柱、基础底面的形状、大小及基础与轴线的尺寸关系。

4）基础梁代号为JL1、JL2…

53

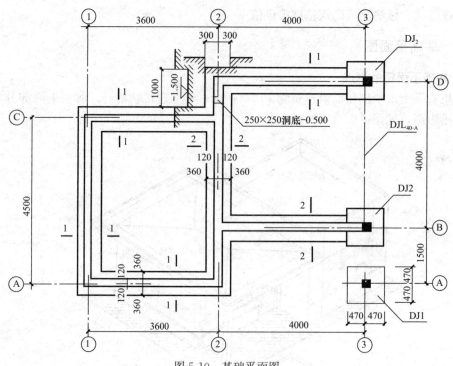

图 5-10　基础平面图

5.4.4　建筑物基础详图

1. 基础详图的形成

假想用一剖切平面在基础某位置切开，画出截面图形即基础详图。见图 5-11。

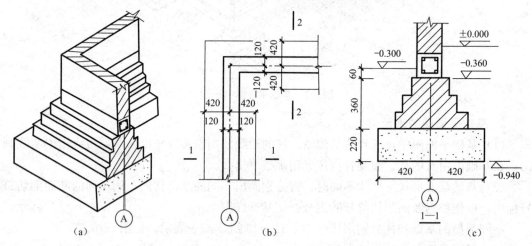

（a）　　　　　　　　　　（b）　　　　　　　　　　（c）

图 5-11　条形基础详图

（a）立体图；（b）平面图及剖切符号；（c）基础详图

条形基础，基础详图一般画的是基础的垂直断面图；独立基础，基础详图一般要画出基础的平面图、立面图的断面图（图 5-12）。

基础的形状不同时应分别画出其详图，当基础形状仅部分尺寸不同时，也可用一个详图表示，但需标出不同部分的尺寸。

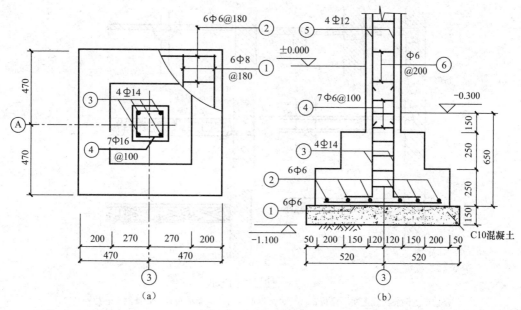

图 5-12　独立基础详图

(a) 平面图；(b) 剖面图

2. 基础详图的主要内容

图名与比例，应有轴线及其编号。基础的详细尺寸，如基础墙的厚度，基础的宽、高，垫层的厚度等。室内外地面标高及基础底面标高。基础及垫层的材料、强度等级、配筋规格及布置。施工说明等（图 5-11 与图 5-12）。

5.5　楼层结构平面图

5.5.1　楼盖概述

楼板结构形式有钢筋混凝土楼板、砖拱楼板和木楼板等（图 5-13）。钢筋混凝土楼板的特点是强度高、刚度好，既耐久，又防火，且便于工业化生产等，是目前使用最广的结构形式。木楼板的特点是自重轻、构造简单等，但由于不防火、耐久性差且消耗大量木材，故目前极少采用。砖拱楼板可以节约钢材、水泥、木材，但由于砖拱楼板抗震性能差，结构层所占空间大、顶棚不平整，且不宜用于不均匀沉陷地基的情况，故应当慎重采用。

5.5.2　楼盖平面图的形成

假想楼板是透明的板（只有结构层，尚未做楼面面层）所作的水平剖面图。楼盖平面反映的是各层梁、板、柱、墙、过梁和圈梁等的平面布置情况，以及现浇楼板、梁的构造与配筋情况及构件间的结构关系。

5.5.3　图示表示及内容

（1）用粗实线表示预制楼板楼层平面轮廓，预制板的铺设用细实线表示，习惯上把楼板下不可见墙体的虚线改画为实线。

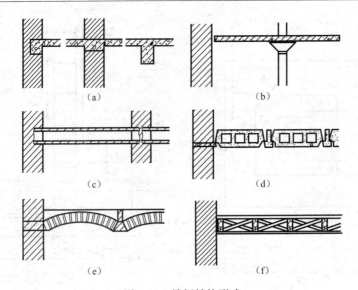

图 5-13 楼板结构形式

(a) 现浇钢筋混凝土实心楼板；(b) 现浇钢筋混凝土无梁楼板；(c) 预制空心楼板；
(d) 预制空心砖楼板；(e) 砖拱楼板；(f) 木楼板

（2）在单元某范围内，画出楼板数量及型号。铺设方式相同的单元预制板用相同的编号，如甲、乙等表示，而不一一画出楼板的布置。

（3）在单元某范围内，画一条对角线，在对角线方向注明预制板数量及型号。

（4）用粗实线画出现浇楼板中的钢筋，同一种钢筋只需画一根。板可画出一个重合断面，表示板的形状、板厚及板的标高（图 5-15）。重合断面是沿板垂直方向剖切，然后翻转 90°。

图 5-14 是现浇楼板的钢筋立体图。

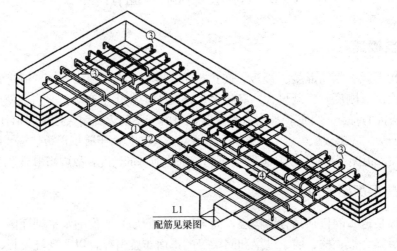

图 5-14 现浇楼板的钢筋立体图

（5）楼梯间的结构施工图一般不在楼层结构平面图中画，只用双对角线表示楼梯间。另外画出楼梯详图。

（6）结构平面图的所有轴线必须与建筑平面图相符。

（7）结构相同的楼层平面图只画一个结构平面图，称为标准层平面图。

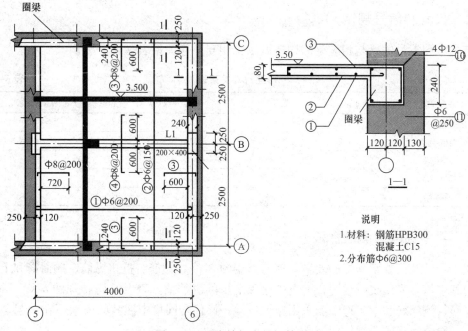

图 5-15 现浇楼板中的钢筋表示

5.6 钢筋混凝土框架梁平面整体表示法

框架梁平面整体表示法是在梁平面布置图上采用平面注写方式的表达，图 5-16 是梁平面注写方式示例，图 5-17 是梁的截面传统表示方式示例。

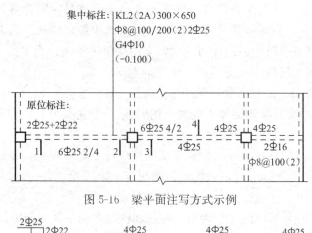

图 5-16 梁平面注写方式示例

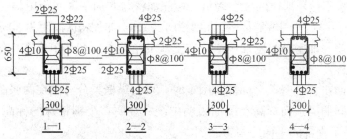

图 5-17 梁的截面传统表示方式示例

5.6.1　代号和编号规定

有代号和编号的梁与相应梁的构造做法见相互对应关系表（表 5-8）。

<table>
<tr><td colspan="5">相互对应关系表</td><td>表 5-8</td></tr>
<tr><td>梁类型</td><td>代　号</td><td>序　号</td><td colspan="3">跨数（A：一端悬挑，B：两端悬挑）</td></tr>
<tr><td>楼层框架梁</td><td>KL</td><td>×××</td><td>(××)</td><td>(××A)</td><td>(××B)</td></tr>
<tr><td>屋面框架梁</td><td>WKL</td><td>×××</td><td>(××)</td><td>(××A)</td><td>(××B)</td></tr>
<tr><td>非框架梁</td><td>L</td><td>×××</td><td>(××)</td><td>(××A)</td><td>(××B)</td></tr>
<tr><td>圆弧形梁</td><td>HL</td><td>×××</td><td>(××)</td><td>(××A)</td><td>(××B)</td></tr>
<tr><td>纯悬挑梁</td><td>XL</td><td>×××</td><td>(××)</td><td>(××A)</td><td>(××B)</td></tr>
</table>

5.6.2　梁平面配筋图的标注方法

关于梁的几何要素和配筋要素，多跨通用的 $b \times h$、箍筋、抗扭纵筋、侧面筋和上皮跨中筋为基本值，采用集中注写；上皮支座和下皮的纵筋值，以及某跨特殊的 $b \times h$、箍筋、抗扭纵筋、侧面筋和上皮跨中筋采用原位注写；梁代号同集中注写的要素写在一起，代表许多跨；原位注写的要素仅代表本跨。

（1）KL、WKL、L、HL 的标注方法：

1）与梁代号写在一起的 $b \times h$、箍筋、抗扭纵筋、侧面筋和上皮跨中筋均为基本值，从梁的任意一跨引出集中注写；个别跨的 $b \times h$、箍筋、抗扭纵筋、侧面筋和上皮跨中筋与基本值不同时，则将其特殊值原位标注，原位标注取值优先。

2）抗扭纵筋和侧面筋前面加"＊"号。

3）原位注写梁上、下皮纵筋，当上皮或下皮多于一排时，则将各排筋按从上往下的顺序用斜线"/"分开；当同一排筋为两种直径时，则用加号"＋"将其连接；当上皮纵筋全跨同样多时，则仅在跨中原位注写一次，支座端免去不注；当梁的中间支座两边上皮纵筋相同时，则可将配筋仅注在支座某一边的梁上皮位置。

（2）XL、KL、WKL、L、HL 悬挑端的标注方法（除下列三条外，与 KL 等的规定相同）：

1）悬挑梁的梁根部与梁端高度不同时，用斜线"/"将其分开，即 $b \times h_1 / h_2$，h_1 为梁根高度。

2）当 1500mm ≤ L < 2000mm 时，悬挑梁根部应有 2Φ14 吊筋，

当 2000mm < L ≤ 2500mm 时，悬挑梁根部应有 2Φ16 吊筋，

当 L ≥ 2500mm 时，悬挑梁根部应有 2Φ18 吊筋。

（3）箍筋肢数用括号括住的数字表示，箍筋加密与非加密区间距用斜线"/"分开。例如：Φ8@100/200（4）表明箍筋加密区间距为 100mm，非加密区间距为 200mm，四肢箍。

（4）附加箍筋（加密箍）附加吊筋绘在支座的主梁上，配筋值在图中统一说明，特殊配筋值原位引出标注。

（5）当梁平面布置过密，全标注有困难时，可按纵横梁分开画在两张图上。

（6）多数相同的梁顶面标高在图面说明中统一注明，个别特殊的标高原位加注高差。图 5-18 是某实际工程梁的平面注写方式图。

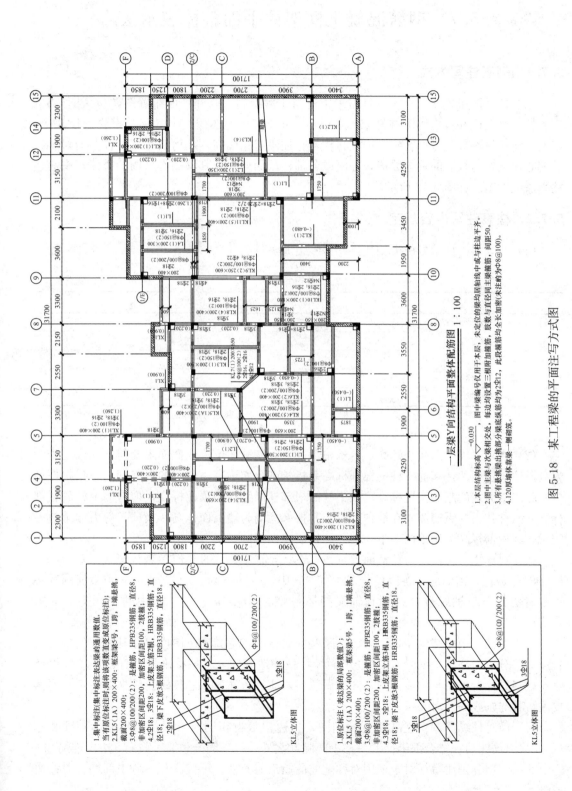

一层梁Y向结构平面整体配筋图 1:100

一本层结构标高▽—0.030

图 5-18 某工程梁的平面注写方式图

5.7　钢筋混凝土框架柱平面整体表示法

5.7.1　列表注写方式

系在柱平面布置图上（一般只需采用适当比例绘制一张柱平面布置图，包括框架柱、框支柱、梁上柱和剪力墙上柱），分别在同一编号的柱中选择一个（有时需要选择几个）截面标注几何参数代号；在柱表中注写柱号、柱段起止标高、几何尺寸（含柱截面对轴线的偏心情况）与箍筋的具体数值，并配以各种柱截面形状及其箍筋类型图的方式，来表达柱平法施工图。如图 5-19 所示。

5.7.2　柱表注写内容规定

（1）柱编号。柱编号由类型代号和序号组成，见表 5-9。

柱编号　　　　　　　　　　　　　　　　　　　　　　　表 5-9

柱类型	代　号	序　号
框架柱	KZ	××
框支柱	KZZ	××
芯柱	XZ	××
梁上柱	LZ	××
剪力墙上柱	QZ	××

注：编号时，当柱的总高、分段截面尺寸和配筋均对应相同，仅分段截面与轴线的关系不同时，仍可将其编为同一柱号。

（2）注写各段柱的起止标高，自柱根部往上以变截面位置或截面未变但配筋改变处为界分段注写。框架柱和框支柱的根部标高系指基础顶面标高；芯柱的根部标高系指根据结构实际需要而定的起始位置标高；梁上柱的根部标高系指梁顶面标高；剪力墙上柱的根部标高分两种：当柱纵筋锚固在墙顶部时，其根部标高为墙顶面标高；当柱与剪力墙重叠一层时，其根部标高为墙顶面往下一层的结构层楼面标高。

（3）对于矩形柱，注写柱截面尺寸 $b \times h$ 及与轴线关系的几何参数代号 b_1、b_2 和 h_1、h_2 的具体数值，需对应于各段柱分别注写。其中，$b = b_1 + b_2$，$h = h_1 + h_2$。当截面的某一边收缩变化至与轴线重合或偏到轴线的另一侧时，b_1、b_2、h_1、h_2 中的某项为零或为负值。

对于芯柱，根据结构需要，可以在某些框架柱的一定高度范围内，在其内部的中心位置设置（分别引注其柱编号）。芯柱平面尺寸按构造确定，并按标准构造详图施工，设计不注；当设计者采用与构造详图不同的做法时，应另行注明。芯柱定位随框架柱走，不需要注写其与轴线的几何关系。

（4）注写柱纵筋。当柱纵筋直径相同，各边根数也相同时（包括矩形柱、圆柱和芯柱），将纵筋注写在"全部纵筋"一栏中；除此之外，柱纵筋分角筋、截面 b 边中部筋和 h 边中部筋三项分别注写；对于采用对称配筋的矩形截面柱，可仅注写一侧中部筋，对称边省略不注。

60

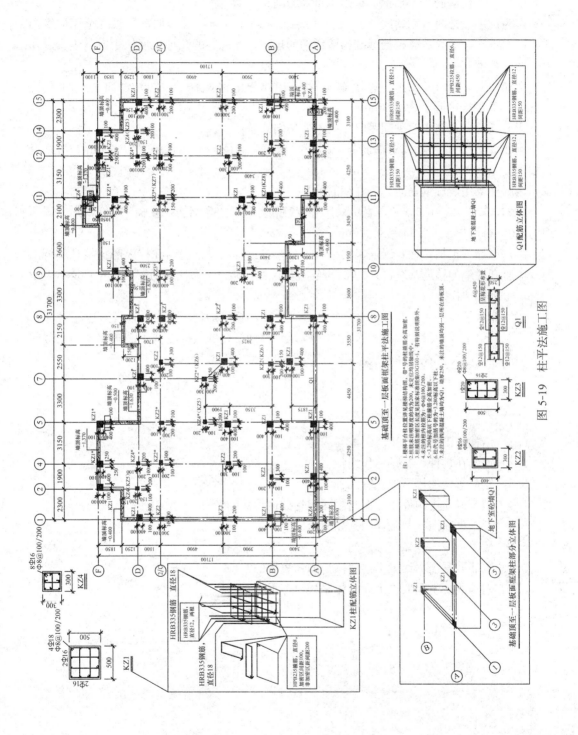

图 5-19 柱平法施工图

（5）注写箍筋类型号及箍筋肢数，在箍筋类型栏内注写，按（8）规定绘制柱截面形状及其箍筋类型号。

（6）注写柱箍筋，包括钢筋级别、直径与间距。

当为抗震设计时，用斜线"/"区分柱端箍筋加密区与柱身非加密区长度范围内箍筋的不同间距。施工人员需根据标准构造详图的规定，在规定的几种长度值中取其最大者作为加密区长度。

例如，Φ12@100/250，表示箍筋为 HPB300 钢筋，直径 12mm，加密区间距为 100mm，非加密区间距为 250mm。

当箍筋沿柱全高为一种间距时，则不使用斜线"/"。

例如，Φ12@100，表示箍筋为 HPB300 钢筋，直径 12mm，间距为 100mm，沿柱全高加密。

当圆柱采用螺旋箍筋时，需在箍筋前加"L"。

例如，LΦ12@100/200，表示采用螺旋箍筋，HPB235 钢筋，直径 12mm，加密区间距为 100mm，非加密区间距为 200mm。

（7）当柱（包括芯柱）纵筋采用搭接连接，且为抗震设计时，在柱纵筋搭接长度范围内（应避开柱端的箍筋加密区）的箍筋均应按不大于 $5d$（d 为柱纵筋较小直径）及不大于 100mm 的间距加密。

当为非抗震设计时，在柱纵筋搭接长度范围内的箍筋加密，应由设计者另行注明。

（8）具体工程所设计的各种箍筋类型图以及箍筋复合的具体方式，需画在表的上部或图中的适当位置，并在标注与表中相对应的宽或高编上类型号。

习　题

5.1　结构施工图的作用、组成与内容是什么？

5.2　钢筋在构件中有哪些作用？

5.3　钢筋弯钩的标准形式有几种？

5.4　钢筋混凝土构件立面图与断面图是如何形成的？

5.5　基础平面图与基础详图是如何形成的？

5.6　楼盖平面图是如何形成的？

5.7　钢筋混凝土框架梁平面整体是如何表示的？

5.8　钢筋混凝土框架柱平面整体是如何表示的？

第6章 给水排水施工图

6.1 室内给水系统简介

室内给水方式取决于室内给水系统所需的水压及室外给水管网所具有资用水头（服务水头）的水压。常用的给水方式有如下几种：

1. 直接给水方式

室外给水管网的水量、水压在任何时间都能满足室内供水时，可用直接给水方式，如图6-1。特点是系统简单，造价低。

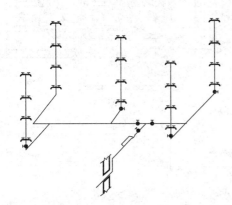

图6-1 直接给水方式

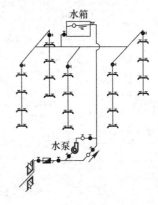

图6-2 设置水泵和水箱的联合给水方式

2. 设置水泵和水箱的联合给水方式

建筑物室外给水管网的压力大部分时间低于室内给水管网所需水压，可采用设置水泵和水箱的联合给水方式，如图6-2。

如一天内室外管网压力大部分时间能满足室内供水要求，用水高峰时刻，室外管网中水压不能保证建筑物的上层用水时，可只设水箱不设水泵。

3. 分区供水的给水方式

较高的建筑物中，室外给水管网水压一般能供应建筑物下面几层用水，不能对建筑物上层供水，常将建筑物分成上下两个供水区。下区直接由城市管网供水；上区则由水泵水箱联合供水，水泵水箱按上区需要考虑。

6.2 室内给水系统的组成

室内给水系统的常见组成如图6-3所示。

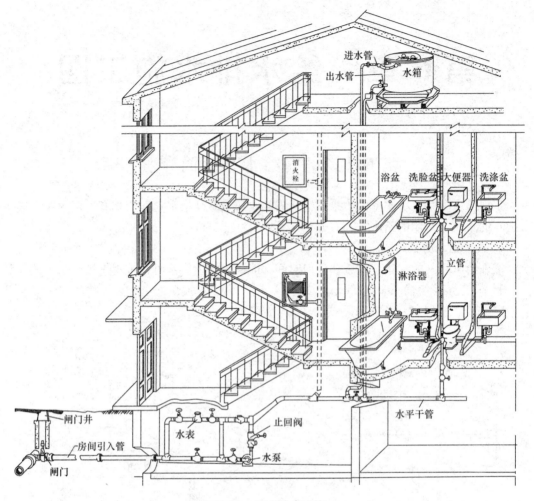

图 6-3 室内给水系统

1. 引入管

某一幢建筑物的引入管是指室外给水管网与室内管网之间的连接管（或称进户管），小区引入管指总进水管。

2. 水表节点

水表节点通常是引入点上的水表及其前后的闸门、泄水装置等的总称。闸门是在修理时，用于关闭进水管；泄水装置是用来检修时放空管网内水、检测水表精度及测定进户点压力值。

3. 管道系统

管道系统通常指的是室内给水干管、立管及支管等。

4. 给水附件

给水附件通常指的是管路上的闸阀、止回阀及各种配水龙头等。

5. 升压和贮水设备

室外给水管网压力不足或室内对安全供水、水压稳定有要求时，设置各种附属设备，如贮水设备有水箱、水池，升压设备有水泵、气压设备及水池等。

6. 室内消防设备

按照建筑物的防火要求及规定需要设置的消火栓、自动喷淋及水幕墙消防设备。

6.3　室内排水系统的组成

室内排水系统通常由下列几部分组成，见图 6-4。

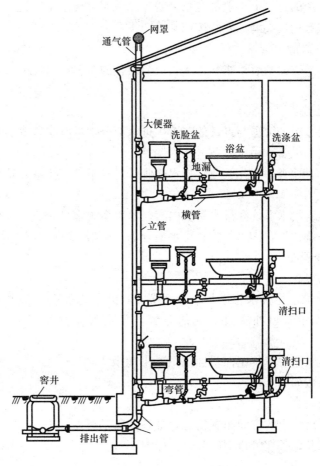

图 6-4　室内排水系统

1. 卫生器具或生产设备受水器

常用的有洗涤盆、浴盆、洗脸盆、大便器等。

2. 排水管系统

常用的有器具排水管（卫生器具与横支管之间的一段短弯，包括存水弯，存水弯是堵检查井中有害气体的，不让其进入室内）、横支管、立管、埋设在室内地下的总横干管和室外的排出管等。

3. 通气管系统

层数不高、卫生器具不多的建筑物，一般将排水立管上部延伸出屋顶作为通气管；层数较多的建筑物或卫生器具设置多的排水管系统，则做专用通气管或配辅助通气管。

通气管有两个作用：①使排水管道中有害气体排到大气中去；②排水管向下排水时，可补给排水管系统的空气，使水流畅通。

6.4　给水排水施工图的识读

1. 给水排水总说明

给水排水施工图的首页上一般都有总说明，总说明主要用文字说明一些设备及管道的做法，比如洗脸盆选用的类型、安装按照某某图集等。

2. 给水排水平面图

给水排水平面图主要画有给水和排水管道与设备的布置，可以分开画，也可以合在一起画。具体的有：

（1）底层平面图

主要画出底层室内外管道与设备的布置。进水部分常见有水表井、进水总管、进水主管、进水横管、进水纵管、用水设备等。

排水部分常见有检查井、化粪池、排水横管、排水主管、排水支管等。如图 6-5。

（2）楼面平面图

楼面平面图画有给水系统和排水系统内容，给水系统常见有进水主管、进水横管、用水设备等；排水系统常见有排水主管和排水横管等。见第 12 章实例水施楼面平面图。

3. 给水排水透视图

（1）透视图的概念

平面图仅反映给水与排水管道某一平面横向与纵向的布置，无法反映垂直方向的布置。轴测图则可表示管道在垂直方向的布置，显示其在空间三个方向的延伸，即透视图。

透视图，一般常用"三等正面斜轴测图"来表示，轴间角和轴向变形系数如图 6-6。

（2）透视图的内容

透视图上可看出管道的空间布置情况，如各段管的管径、标高、坡度以及设备在管道上的位置。如图 6-7。

（3）透视图的画法

透视图的给水立管和排水立管的数量多于 1 根时，需对其进行编号。编号应和平面图上的编号一致。

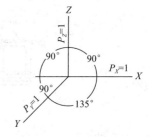

图 6-6　三等正面斜轴测图

透视图中的管道，用粗实线表示。用水设备（如水表、水龙头等）用图例表示。

透视图的管经过墙面、地面、屋面等时，墙面、地面、屋面等要用材料的图例反映，以细实线画出。

透视图的管道应有标高，进水管的标高以管中心为准，排水管的标高以管底为准。室内工程用相对标高，室外工程用绝对标高。各层楼面、屋面及地面也要写上相对标高。

管径的单位为毫米（mm）。其常用表示方法见表 6-1。

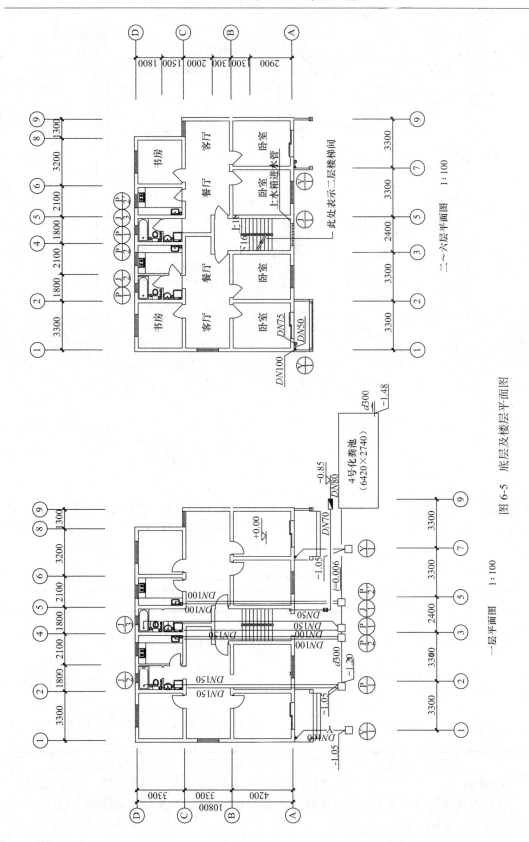

图 6-5　底层及楼层平面图

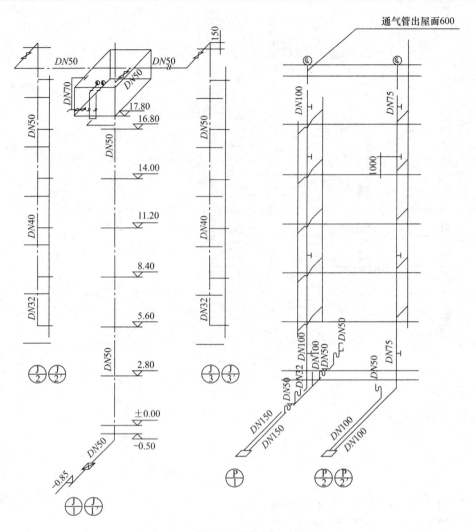

图 6-7　透视图

管径的常用表示方法　　　　　　　　　　　　　　　　　　表 6-1

材　料	符　号	举　例	表示的实际情况
镀锌管、铸铁管等	DN	$DN15$，$DN50$	$DN15$ 表示管径为 15mm 的进水管，材料具体见图纸说明；$DN50$ 表示管径为 50mm 的进水管，材料具体见图纸说明
钢筋混凝土管等	d	$d200$	$d200$ 表示管径为 200mm 的排水管，材料具体见图纸说明
无缝钢管等	D×壁厚	$D108×4$	表示管径为 108mm、壁厚为 4mm 的管，材料具体见图纸说明

4. 详图

详图是用来对平面图上某个设备做进一步的详细表示，给水排水的详图一般都选用标准图集里的，见图 6-8。

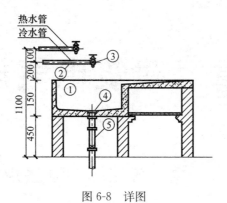

图 6-8　详图

习　题

6.1　常见室内给水方式有几种？

6.2　常见室内给水系统是如何组成的？

6.3　常见室内排水系统是如何组成的？

6.4　给水排水平面图的主要内容有哪些？

6.5　透视图的作用是什么？

第7章　建筑电气施工图

7.1　电气施工图的画法规定

建筑电气施工图的绘制应遵守《房屋建筑制图统一标准》GB/T 50001—2010 和《建筑电气制图标准》GB/T 50786—2012 的有关规定。

1. 比例

电气施工图的平面布置图中，一般采用与相应建筑平面相同的比例。

2. 图线

电气施工图的图线、线型及线宽，应符合表 7-1 的规定。

图线、线型及线宽　　　　　　　　表 7-1

图线名称		线　型	线　宽	一般用途
实线	粗	——————	b	本专业设备之间电气通路连接线、本专业设备可见轮廓线、图形符号轮廓线
	中粗	——————	$0.7b$	
			$0.7b$	本专业设备可见轮廓线、图形符号轮廓线、方框线、建筑物可见轮廓线
	中	——————	$0.5b$	
	细	——————	$0.05b$	非本专业设备可见轮廓线、建筑物可见轮廓线；尺寸、标高、角度等标注线及引出线
虚线	粗	– – – – –	b	本专业设备之间电气通路不可见连接线；线路改造中原有线路
	中粗	– – – – –	$0.7b$	
			$0.7b$	本专业设备不可见轮廓线、地下电缆沟、排管区、隧道、屏蔽线、连锁线
	中	– – – – –	$0.5b$	
	细	～～～～	$0.25b$	非本专业设备不可见轮廓线及地下管沟、建筑物不可见轮廓线等
波浪线	粗	～～～～	b	本专业软管、软护套保护的电气通路连接线、蛇形敷设线缆
	中粗	～～～～	$0.7b$	
单点长画线		—·—·—	$0.25b$	定位轴线、中心线、对称线；结构、功能、单元相同围框线
双点长画线		—··—··—	$0.25b$	辅助围框线、假想或工艺设备轮廓线
折断线		———⋀———	$0.25b$	断开界线

3. 图例与符号

建筑电气施工图中图形符号和文字符号应符合表 7-2、表 7-3 的规定。

常用电气图形符号　　　　表 7-2

名　称	图　例	名　称	图　例	名　称	图　例
配电箱	▨	普通照明灯	 ⊗	明装单极开关	
电度表	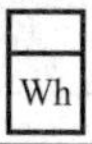 Wh	单管荧光灯	 ⊢━⊣	暗装单极开关	
接地线	⏚	双管荧光灯	 ⊨━⊨	暗装双极开关	
熔断器	 ─▭─	壁灯	◒	暗装三极开关	
明装单相双极插座		吸顶灯	◖	暗装四极开关	
暗装单相双极插座		一根导线	 ╱	拉线开关	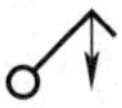
暗装单相三极插座		三根导线	 ⫽	延时开关	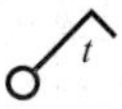 *t*
电话插座	ⓉⓅ ┌TP┐	三根导线	 ⫻	向上引线 向下引线	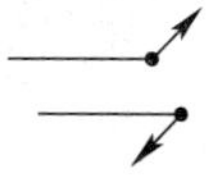
电视插座	ⓉⓋ ┌TV┐	*n* 根导线	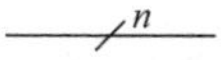 ╱ⁿ	由上引线 由下引线	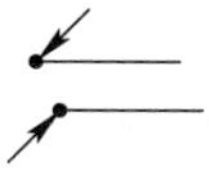

常用电气设备文字符号　　　　表 7-3

文字符号	设备装置及元件	文字符号	设备装置及元件
AH	35kV 高压开关柜	PV	电压表
AL	照明配电箱	QA	断路器
BP	压力传感器	R	电阻
BT	温度传感器	SF	控制开关
FA	熔断器	SB	按钮开关
PA	电流表	TA	电流互感器
PJ	电度表	TM	电力变压器
X	插头	TV	电压互感器
XD	插座，插座箱	WL	照明线路

4. 电气或照明配电设备的标注方法

$$a-b(c\times d+c\times d)e-f$$

其中，a 为回路编号，一般用阿拉伯数字表示；b 为导线型号；c 为导线根数；d 为导线截面；e 为敷设方式及穿管管径；f 为敷设部位的文字符号。常见导线型号、导线敷设方式及部位的文字符号、线路用途见表 7-4～表 7-7。

常见导线型号的代号　　　　　　　　　　　　表 7-4

文字符号	设备装置及元件	文字符号	设备装置及元件
BV	铜芯聚氯乙烯绝缘线	RVB	铜芯聚氯乙烯绝缘平型软导线
BLV	铝芯聚氯乙烯绝缘线	RVS	铜芯聚氯乙烯绝缘绞型软导线
BLX	铝芯橡皮绝缘线	BXF	铜芯氯丁橡皮绝缘线
RV	铜芯聚氯乙烯绝缘软导线	BLXF	铝芯氯丁橡皮绝缘线

常用导线敷设方式的文字符号　　　　　　　　表 7-5

序　号	名　称	文字符号
1	穿低压流体输送用焊接钢管（钢导管）敷设	SC
2	穿普通碳索钢电线套管敷设	MT
3	穿可挠金属电线保护套管敷设	CP
4	穿硬塑料导管敷设	PC
5	穿阻燃半硬塑料导管敷设	FPC
6	穿塑料波纹电线管敷设	KPC
7	电缆托盘敷设	CT
8	电缆梯架敷设	CL
9	金属槽盒敷设	MR
10	塑料槽盒敷设	PR
11	钢索敷设	M
12	直埋敷设	DB
13	电缆沟敷设	TC
14	电缆排管敷设	CE

常用导线敷设部位的文字符号　　　　　　　　表 7-6

序　号	名　称	文字符号
1	沿或跨梁（屋架）敷设	AB
2	沿或跨柱敷设	AC
3	沿吊顶或顶板面敷设	CE
4	吊顶内敷设	SCE
5	沿墙面敷设	WS
6	沿屋面敷设	RS
7	暗敷设在顶板内	CC
8	暗敷设在梁内	BC
9	暗敷设在柱内	CLC
10	暗敷设在墙内	WC
11	暗敷设在地板或地面下	FC

常用线路用途的文字符号 表 7-7

文字符号	设备装置及元件	文字符号	设备装置及元件
WC	控制线路	WP	电力线路
WD	直流线路	WS	信号线路
WF	电话线路	WV	电视线路
WL	照明线路	WX	插座线路

5. 照明灯具的标注方法

$$a - b\frac{c \times d}{e}f$$

其中，a 为灯具数；b 为型号（无则省略）；c 为每盏灯的灯泡数或灯管数；d 为灯泡容量（W）；e 为安装高度；"—"表示吸顶安装；f 为安装方式。有关灯具的安装方式的文字符号见表 7-8。

灯具安装方式的文字符号 表 7-8

序　号	名　　称	文字符号
1	线吊式	SW
2	链吊式	CS
3	管吊式	DS
4	壁装式	W
5	吸顶式	C
6	嵌入式	R
7	吊顶内安装	CR
8	墙壁内安装	WR
9	支架上安装	S
10	柱上安装	CL
11	座装	HM

7.2　电气施工图的组成

1. 供电总平面图

小区供电的总平面图中主要有变（配）电所的容量、位置，供电线路的走向、型号与数量、敷设方法，路灯、接地等。

2. 变配电室的电力平面图

变配电室的电力平面图主要有高低压开关柜、变压器、控制盘等设备布置。

3. 室内电气照明平面图、系统图

照明平面图中主要有照明线路的走向、型号、数量、敷设方法、配电箱与开关的位置。系统图是用图例符号示意性地表示建筑物的供电总体情况的。见图 7-1。

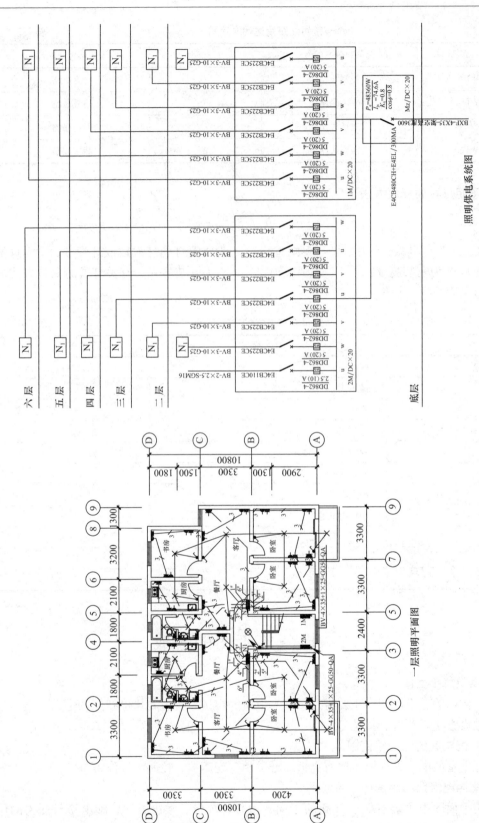

图 7-1　室内电气照明平面图、系统图

4. 建筑物智能化系统的平面图、系统图

平面图中主要有电话、电视、互联网线的布置、型号及敷设方法，系统图是用图例符号示意性地表达电话系统、有线电视系统、宽带网络总体情况的。图见本书 12.4 节。

5. 屋顶避雷平面图、接地平面图

屋顶避雷平面图上主要由图例符号画出避雷带、避雷网的敷设。图见本书 12.4 节。

习　题

7.1　电气施工图的图线、线型及线宽有哪些规定？

7.2　建筑电气施工图中常用图形符号和文字符号是如何规定的？

7.3　电气或照明配电设备的标注方法是如何规定的？

7.4　照明灯具的标注方法是如何规定的？

7.5　室内电气照明平面图有哪些内容？

7.6　系统图应如何看？

第8章　供暖施工图

8.1　供暖系统简介

8.1.1　供暖系统的组成

（1）热源——锅炉房、热电厂等。

（2）管道系统——输送热量到用户，散热器冷却后返回热源的闭路循环系统。

（3）散热设备——供暖房间的散热器。

8.1.2　常见供热管道形式

供热管道水平干管主要形式有上供下回式、下供下回式等。

1. 上供下回式

供热管在上，回水管在下，如图 8-1 所示。

2. 下供下回式

供热管和回水管均在下，如图 8-2 所示。

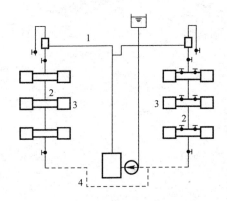

图 8-1　上供下回式

1—供热管；2—立管；3—散热管；4—回水管

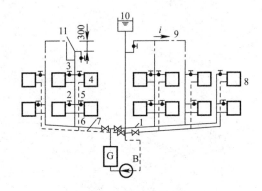

图 8-2　下供下回式

1—供热干管；2—供热立管；3—供热支管；4—散热器；5—回水支管；6—回水立管；7—回水干管；8—手动放气阀；9—空气管；10—膨胀水箱；11—集气管

8.2　供暖施工图的画法规定

1. 比例

供暖工程图中的平面图，比例一般与建筑平面图相同。

2. 系统图

系统图通常采用三等正面斜轴测投影绘制。

3. 线型

平面图和系统图中均以单线条表示管道，供水管道用粗实线，回水管道用粗虚线。

4. 图例

常用供暖图例符号见表8-1。

常用水、汽管道阀门和附件图例表　　　　　表8-1

序　号	名　称	图　例	备　注
1	截止阀	 ⟶▷◁⟶	—
2	闸阀	 ⟶▷◁⟶	—
3	球阀	 ⟶▷◁⟶	—
4	柱塞阀	 ⟶▷◁⟶	—
5	快开阀	 ⟶▷◁⟶	—
6	碟阀	 —│●│—	 ▣
7	旋塞阀	 ⊤	—
8	止回阀	 ⟶▷⟶	 ▷◁
9	浮球阀	 ○—	—
10	三通阀	 ▷◁	—
11	平衡阀	 ⟶▷◁⟶	—
12	定流量阀	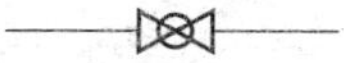 ⟶▷◁⟶	—
13	定压差阀	 ⟶▷◁⟶	—
14	自动排气阀	 ♀	—
15	集气罐、放气阀	⌐•	—
16	节流阀	 ⟶▷◁⟶	—
17	调节止回关断阀	 ⟶▷◁⟶	水泵出口用
18	膨胀阀	 ⟶▷◁⟶	—
19	排入大气或室外	℉	—
20	安全阀	 ▷◁	—
21	角阀	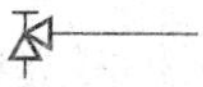 ▷◁	—
22	底阀	▯	—
23	漏斗	 ◉　Y	—
24	地漏	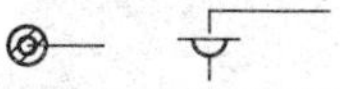 ◎　⊻	—
25	明沟排水	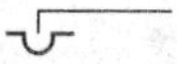 ⊔	—
26	向上弯头	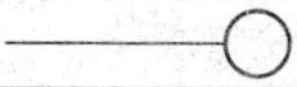 ⟶○	—

序　号	名　称	图　例	备　注
27	向下弯头	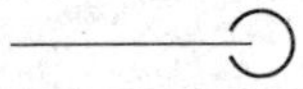	—
28	法兰封头或管封		—
29	活接头或法兰连接	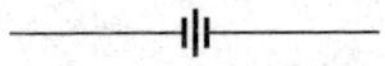	—
30	固定支架		—
31	导向支架	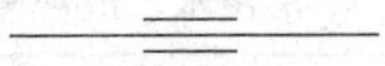	—
32	活动支架	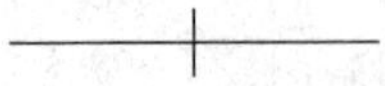	—
33	金属软管		—
34	可曲挠橡胶软接头		—
35	Y 形过滤器	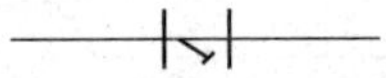	—
36	疏水器		—
37	减压阀	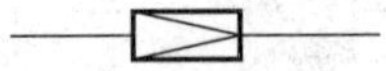	左高右低
38	伴热管		—
39	保护套管	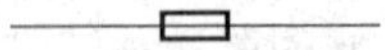	—
40	爆破膜	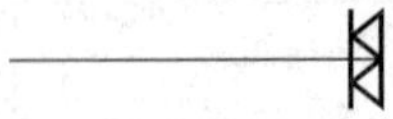	—
41	阻火器		—
42	节流孔板、减压孔板	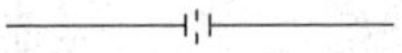	—
43	介质流向	→ 或 ⇒	在管道断开处时，流向符号宜标注在管道中心线上，其余可同管径标注位置
44	坡度及坡向	$i=0.003$ 或 —— $i=0.003$	坡度数值不宜与管道起、止点标高同时标注。标注位置同管径标注位置

5. 管径标注

焊接钢管用公称直径"DN"表示，如 $DN20$。无缝钢管用"外径×壁厚"表示，如 $DN114×5$。

6. 编号

（1）供暖立管编号：L 表示供暖立管代号，n 表示编号，以阿拉伯数字表示，如 L3。如图 8-3 所示。

（2）供暖入口编号：R 表示供暖入口代号，n 表示编号，以阿拉伯数字表示，如 $R3$。如图 8-4 所示。

Ln

Rn

图 8-3　供暖立管编号 　　　　　　　　图 8-4　供暖入口编号

7. 散热器的规格及数量的标注

（1）柱式散热器只注数量。

（2）翼式散热器注根数、排数，如4×2表示每排4根，共2排。

（3）光管散热器注管径、长度、排数，如 $DN108×300×2$ 表示管径108mm、管长300mm、共2排。

（4）串片式散热器注长度、排数，如 $1.0×2$，表示长度1m，共2排。

8. 交叉管道投影重叠时的画法

平面图中交叉的管道在图中相交时，在相交处将被遮挡的管道断开，如图8-5所示。

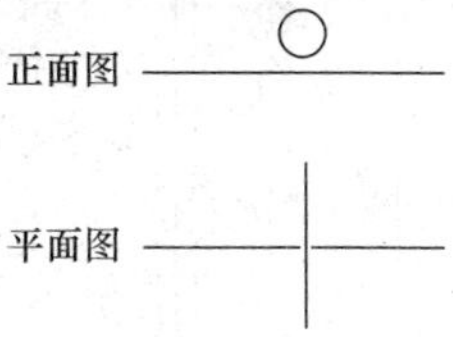

图8-5　交叉管道投影重叠时的画法

8.3　供暖施工图的组成

1. 设计说明

设计施工图说明，内容一般包括（图8-6）：

（1）设计用的有关气象资料、卫生标准、热负荷量、热指标等基本数据。

（2）供暖系统的形式、划分。

（3）使用图例符号的含义。

（4）图中需要特别说明的内容。

2. 平面图

平面图的内容有（图8-7）：

（1）室内散热器的平面位置、规格、数量；散热器的安装方式，如明装、暗装或半暗装。

（2）水平干管的布置方式。干管敷设有在最高层、中间层或底层，底层平面图中有回水干管或凝结水干管（虚线），及干管上的阀门、固定支架、补偿器等的位置、规格及安装要求等。

（3）有膨胀水箱、集气罐（热水供暖系统）、疏水器（蒸汽供暖系统）等设置的位置、规格以及设备管道的连接情况。

（4）供暖入口（地沟或架空）情况。

3. 系统图

系统图有以下内容，见图8-7。

（1）供暖管道系统的形式及连接情况，管径、坡度坡向、水平管道和设备的标高以及立管编号等。供水支管坡向散热器，回水支管坡向回水立管。

（2）散热器的规格及数量。

（3）其他附件与设备在管道系统中的位置、规格及尺寸。

（4）有供暖入口的设备、附件、仪表之间的关系，热媒来源、流向、坡向、标高、管径等。

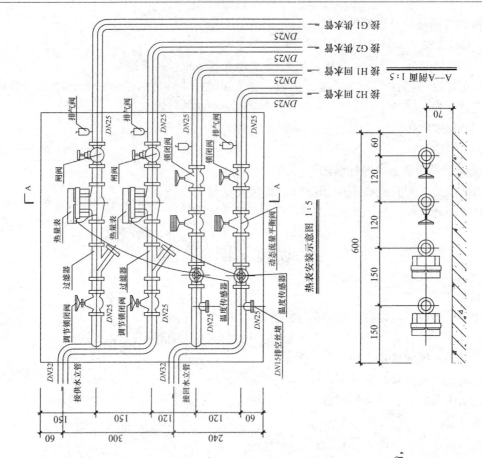

图 8-6 设计说明

供暖设计说明

1. 本工程供暖系统采用分户计量热方式。
2. 供暖室外计算温度-3℃，室外风速2.5m/s。室内设计温度：客厅，18℃；卧室，20℃；卫生间，23℃。
3. 热源采用80℃/60℃热水，热源由小区热力站设置。总热负荷：270kW。水量11.6t/h。
4. 本住宅为一梯二户，供暖系统竖向采用下供下回异程布置。
5. 户内供暖系统由楼梯间供回水双管放射式系统。户内供暖管道在管经设置在管道间内的热力表与户内散热器间连接采用水平双管系统。户内供暖管道埋设地坪找平层内。散热器与户内散热器间敷于地面面层内的供暖管道按设计图纸位置敷设施工现场地可作局部调整，户内供暖管道在找平层内不得有接头。管道试压合格后，在面层上做好标记，以做好提示用户，装修时避免损伤管道。
6. 管道系统最高点及局部拍气应设DN15泄水管并配相应管径闸阀或丝堵。
7. 散热器的选择：
   散热器供回水温度为80℃/60℃，卫生间选用钢制卫浴式散热器，图示散热器选型未考虑散热器罩，若加装散热器罩应考虑增加系数。其他房间选用钢制柱式散热器。
8. 管道保温：管道井内的供暖管丝内加连接采用镀锌钢管外加30厚带铝箔保护层橡塑管壳保温。热表安装见院96K402-2。PB管连接按厂家提供的施工技术手册并应符合相应的技术规程。散热器支管径为DN15（de20）；室内供暖管道管径为DN15（de20）、DN20（de25）。PB管至户内供暖系统供回水管道均采用PB管热熔连接。供暖系
9. 管道穿墙体、楼板均设钢套管，套管内采用石棉绳封堵。管道支架做法见国标95R417-1。
10. 本工程标高均以米计，其余尺寸以毫米计。管道出建筑物的具体高可由安装单位据工建及水电室外管线工程情况作适当调整。
11. 管道除锈、清洗、试压、验收按《建筑给水排水工程质量验收规范》GB50242-2002安装施工。管道支架及管卡等金属构件除锈后刷红丹防锈漆和银粉漆各两遍，洞口采用C20#细石混凝土填实。
12. 暖工程施工质量验收按《建筑给水排水工程施工质量验收规范》GB50242-2002安装施工。施工时如发现图纸有矛盾，请及时与设计单位联系以便尽快解决问题。

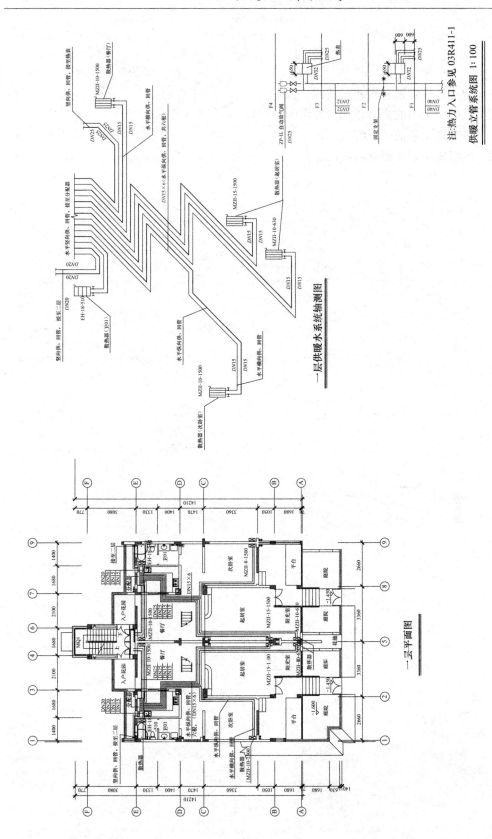

图 8-7 一层平面图与系统图

习　题

8.1　常见供热管道有哪些形式？

8.2　供暖施工图的画法是如何规定的？

8.3　供暖施工平面图有哪些内容？

8.4　供暖施工系统图有哪些内容？

第 9 章　装修施工图

9.1　常用装修施工图符号与图例

9.1.1　索引符号

（1）表示室内立面在平面上的位置及立面图所在图纸编号，应在平面图上使用立面索引符号（图 9-1）。

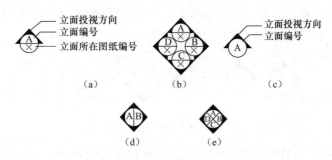

图 9-1　立面索引符号（一）

（2）表示剖切面在界面上的位置或图样所在图纸编号，应在被索引的图样上使用剖切索引符号（图 9-2）。

图 9-2　剖切索引符号（一）

（3）表示局部放大图样在原图上的位置及本图样所在页码，应在被索引图样上使用详图索引符号（图 9-3）。

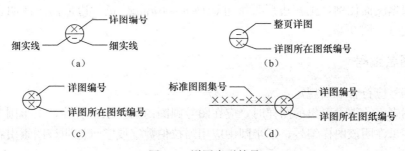

图 9-3　详图索引符号

（a）本页索引符号；（b）整页索引符号；（c）不同页索引符号；（d）标准图索引符号

（4）表示各类设备（含设备、设施、家具、灯具等）的品种及对应的编号，应在图样上使用设备索引符号（图9-4）。

（5）索引符号的绘制应符合下列规定：

1）立面索引符号由圆圈、水平直径组成，且圆圈及水平直径应以细实线绘制。根据图面比例，圆圈直径可选择 8～10mm。圆圈内应注明编号及索引图所在页码。立面索引符号应附以三角形箭头，且三角形箭头方向应与投射方向一致，圆圈中水平直径、数字及字母（垂直）的方向应保持不变（图9-5）。

图 9-4　设备索引符号　　　　　　图 9-5　立面索引符号（二）

2）剖切索引符号和详图索引符号均应由圆圈、直径组成，圆圈及直径应以细实线绘制。根据图面比例，圆圈的直径可选择 8～10mm。圆圈内应注明编号及索引图所在页码。剖切索引符号应附三角形箭头，且三角形箭头方向应与圆圈中直径、数字及字母（垂直直径）的方向保持一致，并应随投射方向而变（图9-6）。

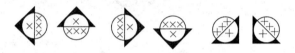

图 9-6　剖切索引符号（二）

3）索引图样时，应以引出圈将被放大的图样范围完整圈出，并应由引出线连接引出圈和详图索引符号。图样范围较小的引出圈，应以圆形中粗虚线绘制（图9-7a）；范围较大的引出圈，宜以有弧角的矩形中粗虚线绘制（图9-7b），也可以云线绘制（图9-7c）。

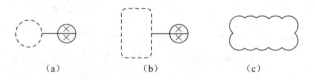

（a）　　　　　　　　　（b）　　　　　　　　　（c）

图 9-7　索引符号
（a）范围较小的索引符号；（b）范围较大的索引符号；（c）范围较大的索引符号

4）设备索引符号应由正六边形、水平内径线组成，正六边形、水平内径线应以细实线绘制。根据图面比例，正六边形长轴可选择 8～10mm。正六边形内应注明设备编号及设备品种代号（图9-4）。

9.1.2　图名编号

图名编号应符合下列规定：

（1）用来表示被索引出的图样时，应在图号圆圈内画一水平直径，上半圆中应用阿拉伯数字或字母注明该图样编号，下半圆中应用阿拉伯数字或字母注明该图索引符号所在图纸编号（图9-8）。

（2）当索引出的详图图样与索引图同在一张图纸内时，圆内可用阿拉伯数字或字母注明详图编号，也可以在圆圈内画一水平直径，且上半圆中应用阿拉伯数字或字母注明编号，下半圆中间应画一段水平细实线（图 9-9）。

图 9-8 被索引出的　　　　　　　　图 9-9 索引图与被索引出的图样
图样的图名编写　　　　　　　　　同在一张图纸内的图名编写

9.1.3 引出线

引出线起止符号可采用圆点绘制（图 9-10a），也可采用箭头绘制（图 9-10b）。起止符号的大小应与本图样尺寸的比例相协调。

（a）　　　（b）

图 9-10 引出线起止符号

9.1.4 常用房屋建筑室内装饰装修材料和设备图例

（1）常用房屋建筑室内装饰装修材料应按表 9-1 所示图例画法绘制。

常用房屋建筑室内装饰装修材料图例　　　　　　　　　表 9-1

序　号	名　称	图　例	备　注
1	夯实土壤		
2	砂砾石、碎砖三合土		
3	石材		注明厚度
4	毛石		必要时注明石料块面大小及品种
5	普通砖		包括实心砖、多孔砖、砌块等。断面较窄不易绘出图例线时，可涂黑，并在备注中加注说明，画出该材料图例
6	饰面砖		包括铺地砖、墙面砖、陶瓷锦砖等
7	混凝土		1. 指能承重的混凝土及钢筋混凝土 2. 各种强度等级、骨料、添加剂的混凝土 3. 在剖面图上画出钢筋时，不画图例线 4. 断面图形小、不易画出图例线时，可涂黑
8	钢筋混凝土		

85

续表

序 号	名 称	图 例	备 注
9	实木		表示垫木、木砖或木龙骨
			表示木材横断面
			表示木材纵断面
10	胶合板	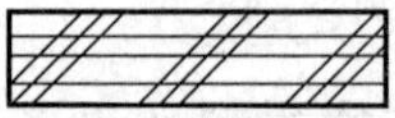	注明厚度或层数
11	多层板	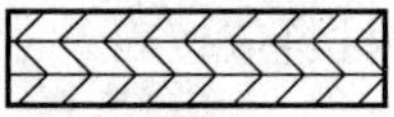	注明厚度或层数
12	普通玻璃	  （立面）	注明材质、厚度
13	磨砂玻璃	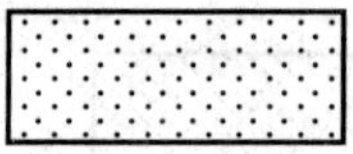 （立面）	1. 注明材质、厚度 2. 本图例采用较均匀的点
14	镜面	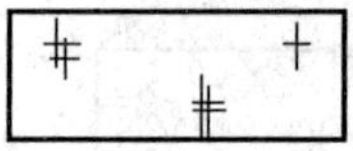 （立面）	注明材质、厚度
15	塑料		包括各种软、硬塑料及有机玻璃等
16	地毯	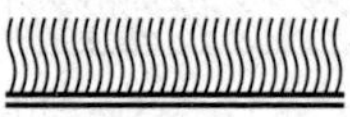	注明种类
17	粉刷		本图例采用较稀的点
18	窗帘	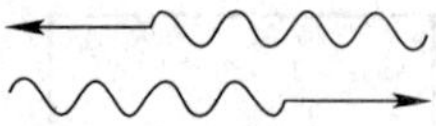 （立面）	箭头所示为开启方向

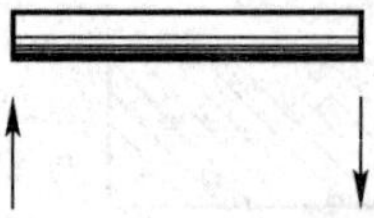

86

（2）常用家具应按表 9-2 所示图例画法绘制。

常用家具图例 表 9-2

序号	名　称		图　例	备　注
1	沙发	单人沙发		
		双人沙发		
		三人沙发		
2	办公桌			1. 立面样式根据设计自定 2. 其他家具图例根据设计自定
3	椅	办公椅		
		休闲椅		
		躺椅		
4	床	单人床		
		双人床		

续表

序号	名 称		图 例	备 注
5	橱柜	衣柜		1. 柜体的长度及立面样式根据设计自定 2. 其他家具图例根据设计自定
		低柜		
		高柜		

（3）常用电器应按表9-3所示图例画法绘制。

常用电器图例   表 9-3

序 号	名 称	图 例	备 注
1	电视	TV	
2	冰箱	REF	
3	空调	A/C	1. 立面样式根据设计自定 2. 其他电器图例根据设计自定
4	洗衣机	W/M	
5	饮水机	WD	
6	电脑	PC	
7	电话	TEL	

（4）常用厨具应按表9-4所示图例画法绘制。

常用厨具图例 表 9-4

序号	名 称		图 例	备 注
1	灶具	单头灶	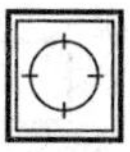	1. 立面样式根据设计自定 2. 其他厨具图例根据设计自定
		双头灶	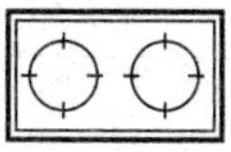	
		三头灶	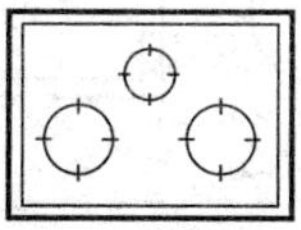	
		四头灶	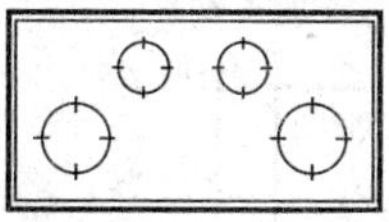	
		六头灶	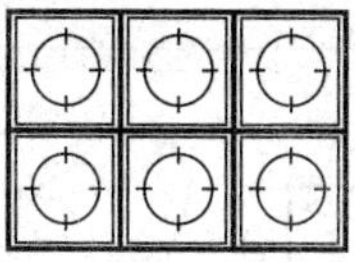	
2	水槽	单盆	 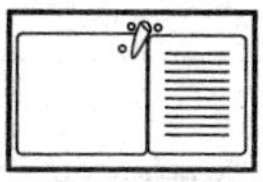	
		双盆	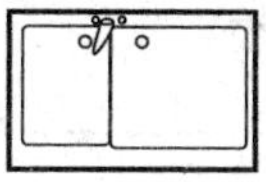 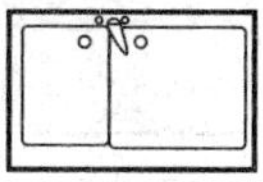	

（5）常用洁具宜按表 9-5 所示图例画法绘制。

常用洁具图例 表 9-5

序号	名 称		图 例	备 注
1	大便器	坐式	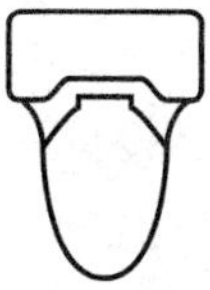 	1. 立面样式根据设计自定 2. 其他洁具图例根据设计自定
		蹲式	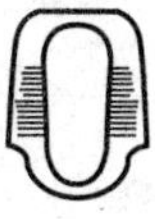 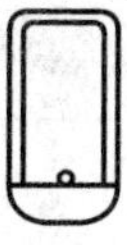	

续表

序号	名　称		图　例	备　注
2	小便器		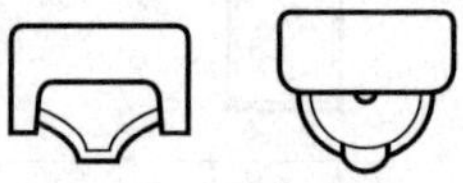	
3	台盆	立式	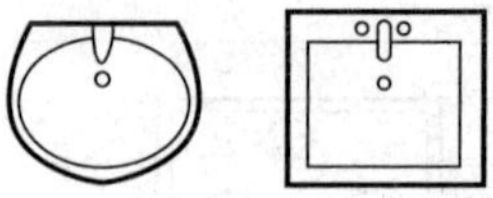	1. 立面样式根据设计自定 2. 其他洁具图例根据设计自定
		台式	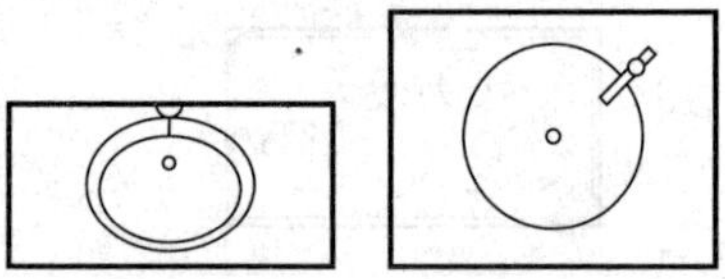	
		挂式	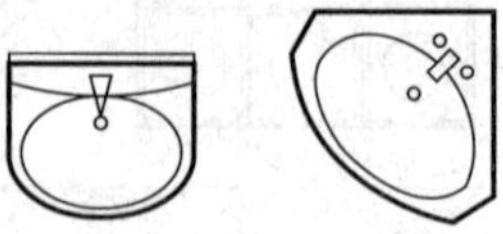	
4	污水池		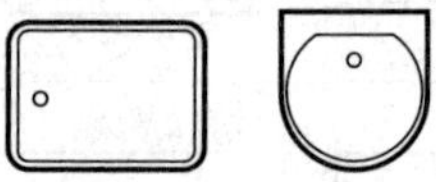	

（6）常用灯光照明应按表 9-6 所示图例画法绘制。

常用灯光照明图例　　　　　　　　　　表 9-6

序　号	名　称	图　例
1	艺术吊灯	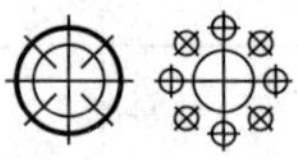
2	吸顶灯	
3	筒灯	
4	射灯	

序　号	名　称	图　例
5	轨道射灯	
6	格栅射灯	（单头） （双头） （三头）
7	格栅荧光灯	（正方形） （长方形）
8	暗藏灯带	
9	壁灯	
10	台灯	
11	落地灯	
12	水下灯	
13	踏步灯	
14	荧光灯	
15	投光灯	
16	泛光灯	
17	聚光灯	

（7）常用设备应按表9-7所示图例画法绘制。

常用设备图例 表 9-7

序 号	名 称	图 例
1	送风口	⊠（条形）
		◼（方形）
2	回风口	▬（条形）
		▦（方形）
3	侧送风、侧回风	↑ ↓
4	排风扇	▦
5	风机盘管	⊠（立式明装）
		◹（卧式明装）
6	安全出口	EXIT
7	防火卷帘	—Ⓕ—
8	消防自动喷淋头	—⊙—
9	感温探测器	▯
10	感烟探测器	S
11	室内消火栓	◪（单口）
		⊠（双口）
12	扬声器	◁

（8）常用开关、插座应按表9-8、表9-9所示图例画法绘制。

开关、插座立面图例 表9-8

序 号	名 称	图 例
1	单相二极电源插座	⊡
2	单相三极电源插座	⊡
3	单相二、三极电源插座	⊡
4	电话、信息插座	□（单孔） □□（双孔）
5	电视插座	◎（单孔） ◎◎（双孔）
6	地插座	⊞
7	连接盒、接线盒	⊙
8	音响出线盒	Ⓜ
9	单联开关	□
10	双联开关	⊞
11	三联开关	⊞
12	四联开关	⊞
13	可调节开关	⊡
14	紧急呼叫按钮	⊡

开关、插座平面图例 表 9-9

序　号	名　称	图　例
1	（电源）插座	
2	三个插座	
3	带保护极的（电源）插座	
4	单相二、三极电源插座	
5	带单极开关的（电源）插座	
6	带保护极的单极开关的（电源）插座	
7	信息插座	C
8	电接线箱	J
9	公用电话插座	
10	直线电话插座	
11	传真机插座	F
12	网络插座	C
13	有线电视插座	TV
14	单联单控开关	
15	双联单控开关	
16	三联单控开关	
17	单极限时开关	t

序　号	名　称	图　例
18	双极开关	
19	多位单极开关	
20	双控单极开关	
21	按钮	◎
22	配电箱	□AP

9.2　装修施工图的组成

1. 平面布置图

平面布置图是根据室内使用功能及使用的要求等，对室内空间进行布置的图样。内容有：以住宅为例，建筑主体结构，如墙、柱、门窗等；客厅、餐厅、卧室等的家具，如沙发、餐桌、衣柜、床、书柜、茶几、电视柜等的形状、位置；厨房、卫生间的洗手台、浴缸、坐便器等的形状、位置；各种家电的形状、位置，以及各种隔断、绿化、装饰构件等的布置；此外还要标注主要的装修尺寸、必要的装修要求等。如图 9-11。

2. 楼地面装修图

楼地面装修图主要内容有：地面的造型、材料的名称和工艺要求。对于块状地面材料，用细实线画出块材的分格线，以表示施工时的铺装方向；对于零星构件的台阶、基座、坑槽等特殊部位还应画出详图表示构造形式、尺寸及工艺做法。

楼地面装修图既作为施工的依据，也作为地面材料采购的参考图样，楼地面装修图的比例一般与平面的布置图一致。如图 9-11。

3. 顶棚装修图

顶棚装修图的主要内容有：顶棚的造型、灯饰、空调风口、排气扇、消防设施等的轮廓线，条块状饰面材料的排列方向线；建筑主体结构的主要轴线、编号或主要尺寸；顶棚的各类设施尺寸、标高；顶棚的各类设施、各部位的饰面材料、涂料的规格、名称、工艺说明等；索引符号或剖面及断面等符号的标注。如图 9-11。

4. 室内立面装修图

室内立面装修图主要内容有：投影方向可见的室内轮廓线和装修构造、门窗、构配件、墙面做法、固定家具、灯具、必要的尺寸和标高及需要表达的非固定家具、灯具、装修物件等。如图 9-12。

5. 节点装修详图

节点装修详图是指装修的细部的局部放大图、剖面图、断面图等。由于在装修施工中

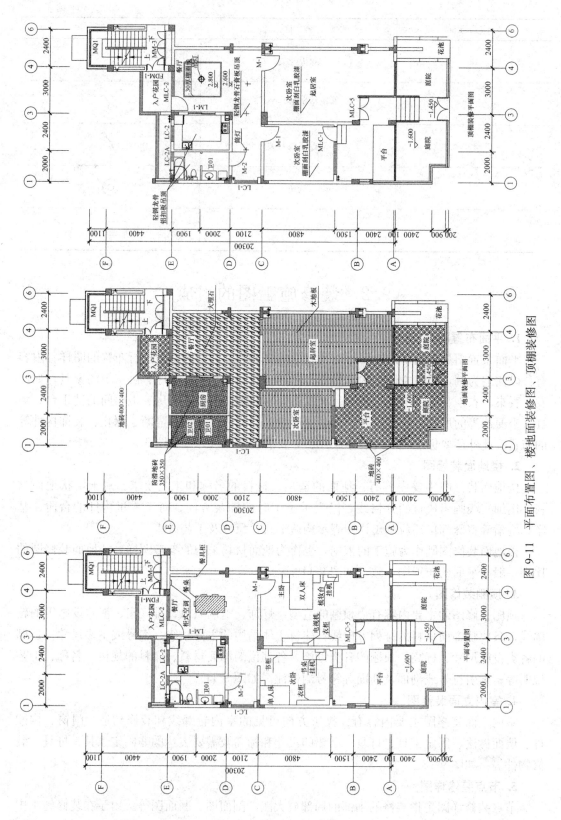

图9-11 平面布置图、楼地面装修图、顶棚装修图

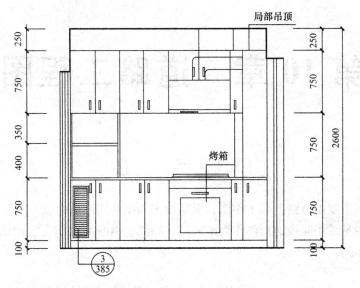

图 9-12　室内立面装修图

构件的一些复杂或细小的部位,在平、立面图中未能详尽表达,就需要用节点详图来表示该部位详细做法,由于装修设计往往带有鲜明的个性,再加上装修材料和装修工艺做法的不断变化以及室内设计师的新创意,因此,节点详图在装修施工图中是不可缺少的。如图 9-13。

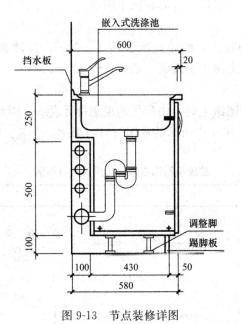

图 9-13　节点装修详图

第10章 道路工程图

10.1 概　述

道路工程图主要由道路路线平面图、纵断面图和横断面图所组成。

道路工程图是采用路线地形图作为平面图、路线的纵断面图作为立面图、横断面图作为侧面图来表示的。

10.2　道路路线平面图的识读

10.2.1　平面图的组成

道路路线平面图内容有：路线的走向（直线和曲线），用等高线和符号表示道路沿线两侧的地形、地物（河泊、房屋、桥涵和挡土墙等）等。

1. 路线

道路路线平面图比例较小，山岭地区采用1：2000；丘陵地区和平原地区采用1：5000。路线在地形图上按道路中心线画一条粗实线来表示。

2. 地物

地物按比例缩小画在图纸上时，用简化的规定符号表示。因此，在路线平面图中常采用一些规定的符号。如表10-1中所示的常用符号与图例。

路线平面图中地物常用符号与图例　　　　　　　　表 10-1

图　例							符　号	
路中心线	———·———	房屋	▨ □独立成片	用材林	○ ○ ○ ○ 松 ○		交角点	JD
							半径	R
水准点	⊗ BM编号 高程	高压电线	«O»— «O»—	围墙	┗		切线长度	T
							曲线长度	L
导线点	▣ 编号 高程	低压电线	—◀O▶— —◀O▶—	堤	⊥⊥⊥⊥⊥⊥⊥⊥		缓和曲线长度	L_g
							外距	E

续表

图 例						符 号	
交角点	JD编号	通信线	●-○-●-○-●	路堑		偏角	α
						曲线起点	ZY
铁路	干线 10.0 支线 地方线	农业生产用地	↡ ↡ ↡	小路	— — — —	曲线中点	QZ
						曲线终点	YZ
公路	G104(二)	基本农田保护区	⊥ ⊥ ⊥	苗圃	○○○ ○○	第一缓和曲线起点	ZH
						第一缓和曲线终点	HY
大车道	— — — —	菜地	⋎ ⋎ ⋎	变压器	●—○	第二缓和曲线起点	YH
						第二缓和曲线终点	HZ
桥梁及涵洞		水库鱼塘	塘	花圃	• • • •	东	E
						西	W
水沟		坎		等高线冲沟		南	S
						北	N
河流		晒谷坪	谷	石质陡崖		横坐标	X
						纵坐标	Y

10.2.2 道路路线平面图实例导读

现以某路一段路线为例具体来讲解平面图的内容和特点（图 10-1）

1. 地形部分

（1）比例

本图比例采用 1：2000。

（2）指北针

路线平面上画有指北针，作为指出道路在地区的方位与走向，同时指北针又可作为拼接图线时校对之用。

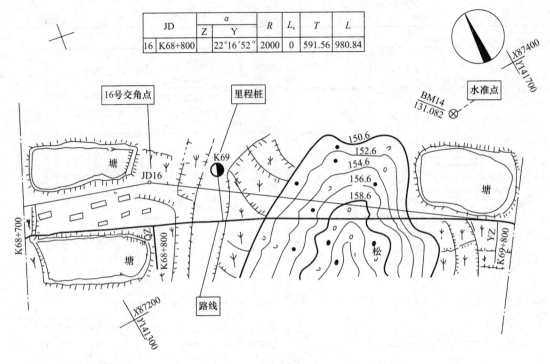

JD		α		R	L_s	T	L
		Z	Y				
16	K68+800		22°16′52″	2000	0	591.56	980.84

图 10-1　公路路线平面图

（3）地形

等高线用来表示地形的起伏。图中每条等高线之间的高差为 2m，为了便于读图，每隔四条就有一条较粗的等高线（称计曲线），注有以 10 为基数单位为米的标高数字。等高线愈密，表示地势愈陡；等高线愈稀，表示地势愈平坦。

（4）地物

路线西侧两端可以看出有房屋、中部的东侧山坡上都是松树林等。这些地物都是用符号图例表示的。

2. 路线部分

（1）路线的走向

从图中可看出，本段路线的起点是 K68＋700，终点是 K69＋800。

（2）里程桩号

里程桩号是用来表示路线的总长和各段之间的长度，一般在路线上从起点到终点，沿着前进方向的左侧注写里程桩（km），通常以符号"🌓"表示。如在符号上面注写 K69，即距路线起点 69km。

（3）水准点

水准点沿路线每隔一定距离设置（水准点的符号为⊗），作为附近路线上测定线路桩的高差之用。如图中的 $\otimes\dfrac{BM14}{131.082}$，BM14 表示 14 号水准点，131.082 为 14 号水准点的高程，单位为米。

（4）平曲线表

在图的适当位置（次要地方）画出路线的平曲线表，表中列出平曲线的要素，见

图 10-2。道路路线转折处，注出转折符号，即交角点的编号，如 JD16 表示第 16 号交角点，简称交点。从图 10-1 上部的曲线表中知道该角的大小为 $\alpha_右 = 22°16'52''$，就是按路线的前进方向在 JD16 处向右转折 $22°16'52''$。在转折（交角点）处是用圆弧曲线（又称弯道）来连接两条折线，由曲线表知道圆弧曲线的半径 $R = 2000\text{m}$，交点 JD16 到圆弧曲线的切线长度 $T = 591.56\text{m}$，圆弧曲线的长度 $L = 980.84\text{m}$，交点 JD16 到圆弧曲线中点的距离，称为外距 $L_s = 0\text{m}$，其他符号如 ZY、QZ 和 YZ 表示圆弧曲线的起点、中点和终点。

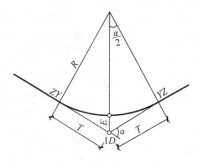

图 10-2 平曲线要素示意图

10.3 道路路线纵断面图的识读

10.3.1 纵断面图的图示内容

路线的纵继面图是用来表示路线中心的地面起伏状况、路线的纵向设计坡度和竖曲线的。

纵断面图形成：

假设用竖向剖切面沿着道路的中心线进行剖切，把剖切面展开（拉直）成一立面，即为路线的纵断面图，如图 10-3。纵断面图的长度就是路线的长度。

图 10-3 纵断面图形成

10.3.2 道路路线纵断面图实例导读

现以某市风景区游览道路一段为例说明路线纵断面图的内容和特点。图 10-4 是游览道路从桩号 $0+000$ 至 $0+400$ 一段的纵断面图。内容有图样和资料表两部分，图样画在图纸的上方，资料表放在图纸的下方。

1. 图样部分

（1）比例

纵断面图的横向长度表示路线的长度，纵向高度表示地面线及设计线的标高。由于设

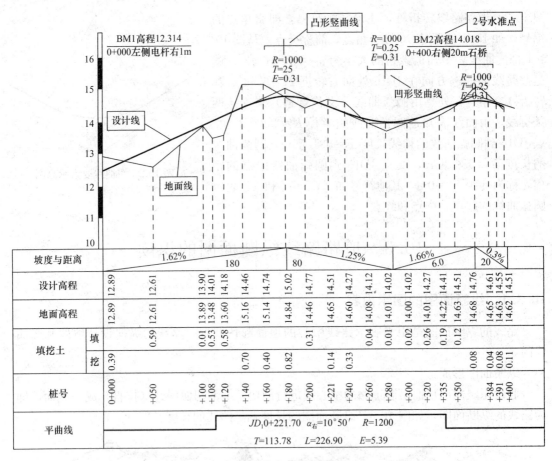

图 10-4　道路路线纵断面图的识读

计线的纵向坡度较小，因此它的高差比路线的长度要小得多，如果纵向与横向用同一种比例画，则很难把高差清楚地表达出来，所以规定纵向的比例比横向的比例放大 10 倍。

一般在山岭区，横向采用 1：2000，纵向采用 1：200；在丘陵区和平原区，因地形变化较小，所以横向采用 1：5000，纵向采用 1：500。图 10-4 横向比例采用 1：2000，纵向比例 1：200，这样，图上所画的坡度实际为大，故表达很清晰。

（2）设计线

图上粗实线表示顺路线方向的设计坡度线，简称设计线，设计线用粗实线画出。

（3）地面线

在粗实线两旁不规则的曲折状细实线是地面线。它是顺着路线中心原地面上一系列中心桩的连接线。根据水准测量测得的各桩高程，按纵向 1：200 的比例画在相应的里程桩上，然后用细实线顺次把各点用直尺连接起来，即为地面线。

（4）竖曲线

在设计线纵坡变更处，两相邻纵坡之差的绝对值超过规定数值时，在变坡处需设置圆形竖线（圆弧）来连接两相邻的纵坡。如图 10-4 在设计线的上方标注。

（5）水准点

沿线设置的水准点，都应按所在里程注在设计线的上方（或下方），并标出其编号、高程和路线的相对位置。如图 10-4 上 2 号水准点，表示在里程 0+400 处的右侧 20m 的石桥上设有第 2 号水准点，其高程为 14.018。

2. 资料表

（1）纵坡/坡长

纵坡表示顺线的每段（坡长）设计坡度线（设计线）。表的第 1 栏中每一分格表示一坡度，对角线表示坡度的方向，先低后高表示上坡，先高后低表示下坡。对角线的上方数字表示坡度，下方数字表示坡长。坡长以米为单位。

（2）挖

路线的设计线低于地面线时，需要挖土。这一项的各个数据是各点（桩号）的地面标高减设计标高的差。

（3）填

路线的设计线高于地面线时，需要填土。这一项的各个数据是各点（桩号）的设计标高减地面标高的差。

（4）设计标高

设计线上各点（桩号）的高程为设计标高。

（5）地面标高

地面线上各点（桩号）的高程为地面称高。

（6）桩号

各点的桩号是按测量所测的里程填入表内，单位为米。有些数据前有 ZY、QZ 和 YZ 符号，表示圆弧曲线的起点、中点和终点。后面的数据表示起点、中点和终点的里程桩号，里程桩号之间的距离在表中按横向比例列入。因此，图中的设计线、地面线、竖曲线等位置以及资料表中的各个项目都要与相应的桩号对齐。

（7）平曲线

平曲线一栏是路线平面图的示意图。直线段用水平线表示，曲线（弯道）用上凸或下凹图线。

10.4 道路路线横断面图的识读

10.4.1 横断面图的图示内容

假设用一垂直的剖切平面，垂直于设计路线进行剖切所得到剖切图即横断面图。它是计算土石方和路基施工时的依据。

横断面图由路基轮廓线、路基中心线、路基边坡、路基宽度、地面线所组成。图 10-5 为一路基横断面图。

10.4.2 路基横断面的形式 （图 10-6）

（1）路堤

在填土地段称为路堤。填土边坡一般为 1∶1.5。

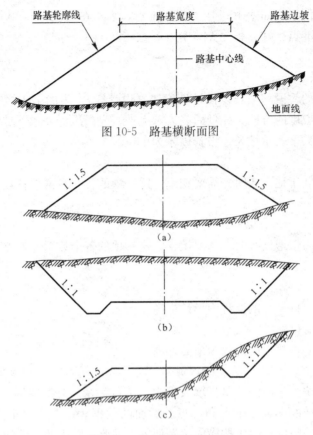

图 10-5　路基横断面图

图 10-6　路基横断面的形式

（a）路堤；（b）路堑；（c）半填半挖路基

（2）路堑

在挖土地段称为路堑。挖土边坡一般为 1∶1。假如该地段是岩石，则边坡可以更陡些，可用 10∶1。总之，边坡大小视土质的坚硬情况而定。

（3）半填半挖路基

有路堤和路堑的路基称为半填半挖路基。

10.4.3　某段路基横断面图的表示

图 10-7 所示为道路 0+840 至 K1+000 一段的路基横断面图。

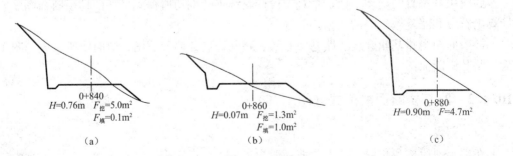

图 10-7　某段路基横断面

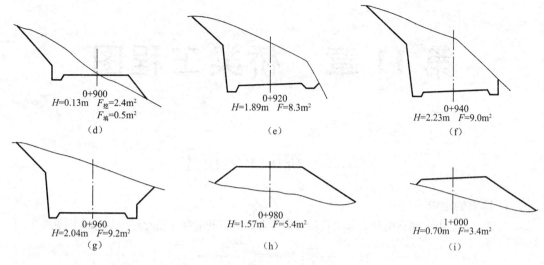

图 10-7 某段路基横断面（续）

（1）纵横向采用同一比例，一般用 1∶200，也可用 1∶100 和 1∶50。

（2）沿道路路线一般每隔 20m 画一路基横断面图。在图中沿着桩号从下到上，从左至右布置图形。

（3）每个图形下面有桩号、断面面积 F 和地面中心至路基中心的高差 H。

习 题

10.1 道路路线平面图有哪些组成？

10.2 道路路线平面图中地形与地物是如何表示的？

10.3 道路路线平面图中里程桩号、水准点与平曲线是如何表示的？

10.4 道路路线纵断面图是如何形成的？

10.5 道路路线纵断面图中设计线、地面线、竖曲线、水准点、设计标高、地面标高、桩号与平曲线如何识读？

10.6 道路路线横断面图是如何形成的？

10.7 道路路线横断面图是如何组成的？

第11章 桥梁工程图

11.1 桥梁工程概述

1. 桥梁的组成

桥梁主要是由上部结构和下部结构组成的。常见的钢筋混凝土桥梁的组成示意图见图 11-1。

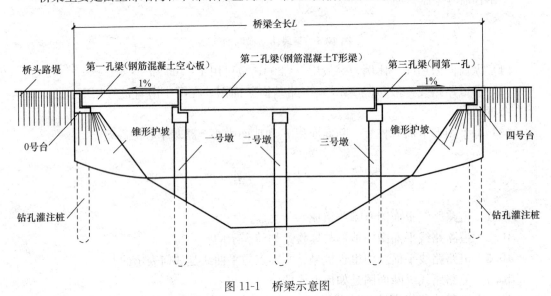

图 11-1 桥梁示意图

（1）上部结构。是用来供车辆和人群通过的，如图 11-1 中所示的钢筋混凝土空心板梁和钢筋混凝土 T 形梁。

（2）下部结构。是用来支承上部结构的，如图 11-1 中所示的桥台、桥墩、基础。

（3）桥台。在桥梁两端的后边，即连接路堤和支承上部结构的，如图 11-1 中的 0 号台及四号台。桥台的两侧常做成石砌的锥形护坡，是用来保护桥头填土的。

（4）桥墩。桥墩是两边都用来支承上部结构的。如图 11-1 中的一号墩及二号墩。

2. 桥梁的分类

桥梁按其使用材料的不同分为钢桥、钢筋混凝土桥、石桥和木桥等。按其结构的不同分为梁桥、拱桥、斜拉桥等。

11.2 桥梁工程图的识读

桥梁工程图中较为重要的图是桥梁的总体布置图和构件图。图 11-2 是桥梁的总体布置图。

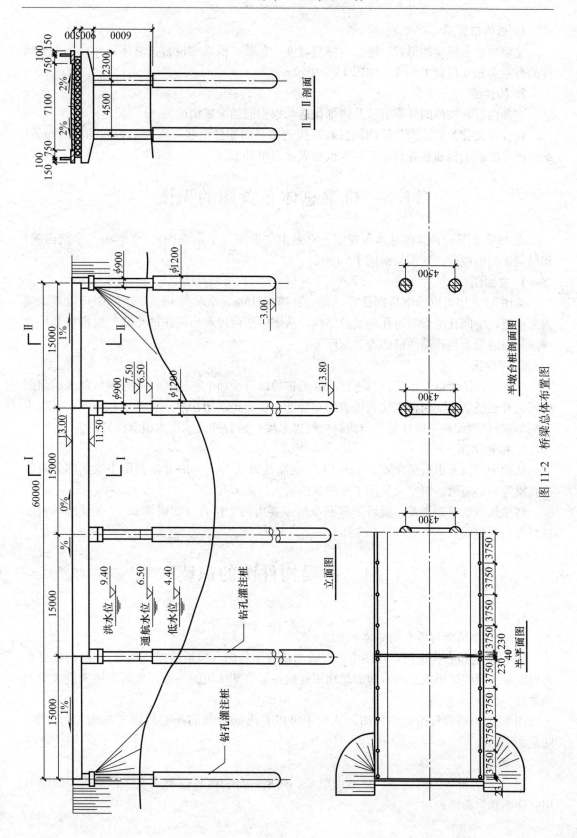

Ⅱ—Ⅱ 剖面

半墩台桩剖面图

桥梁总体布置图

立面图

半平面图

图 11-2 桥梁总体布置图

1. 总体布置图

主要内容有桥梁的形式、跨径、净空高度、孔数、桥墩和桥台、总体尺寸、各主要构件的数量和相互位置关系等。如图 11-2 所示。

2. 构件图

主要内容有构件的外部形状及内部构造，如钢筋的配置情况等。

构件图又分为构造图与结构图二种。构造图只画构件形状，不表示内部钢筋的布置；结构图主要表示钢筋布置情况，同时也可表示简单外形。

11.3　桥梁总体布置图的识读

图 11-2 为某一桥梁的总体布置图，它是由立面图（半剖面图）、平面图（半剖面图）和横剖面图组成的，比例均采用 1：100。

1. 立面图

从图 11-2 中可以看出是四孔桥，每一孔跨径 15m，全长 60m。立面图中可以看出其内部构造，中间孔的梁与边孔的梁的结构，从图中还可以看出河床的形状，根据标高尺寸可以知道混凝土钻孔灌注桩的埋置深度等。

2. 平面图

从半平面图可以看出桥台两边显示锥形护坡以及桥面上两边栏杆的布置。从半剖面图中可以看出桥墩是剖切在双柱式桥墩的双柱处，桥台是剖切在灌注桩处（在半剖的基础再作局部剖），因此在桥墩处显示出两根立柱连系梁，桥台处显示出两根灌注桩。

3. 横剖面图

从图中可以看出桥梁净宽 7.1m，人行道宽各为 0.75m，Ⅱ-Ⅱ 剖面图中涂黑部分表明边孔梁为空心板梁。图中又显示了灌注桩的横向位置。

将整张图联系起来看，就可了解到全桥主要由两个桥台（四根桩）、三个桥墩（六根桩）等构件组成。

11.4　桥梁构件图的识读

1. 桥台

图 11-3 是桥墩与桥台的立体示意图。

图 11-4 为桥台构造图，从图中可以看出桥台由台帽（包括前墙、耳墙）、两根柱身及两根混凝土灌注桩组成。桥台前面是用来连接桥梁上部结构的一面，后面是用来连接岸上路堤的一面。

图 11-5 为桥台台帽的结构图。从图中可以看出⑥号箍筋是沿台帽方向均匀布置的，间距为 20cm。

2. 桥墩

图 11-6 为桥墩的构造图，桥墩由墩帽、两根柱身和两根混凝土灌注桩组成，其图形用立面图和侧面图表示。

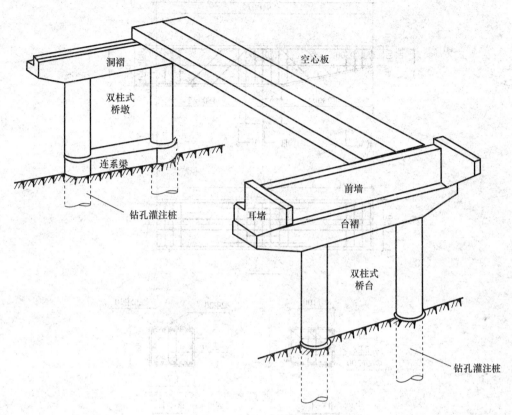

图 11-3 桥墩、桥台示意图

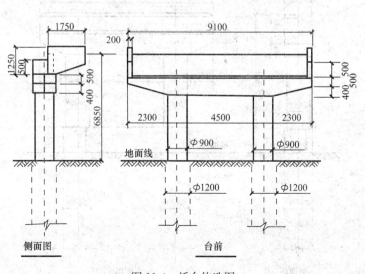

图 11-4 桥台构造图

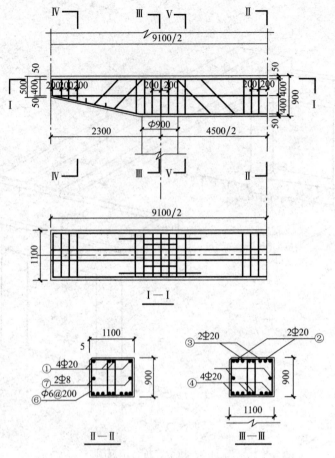

图 11-5　桥台台帽结构图

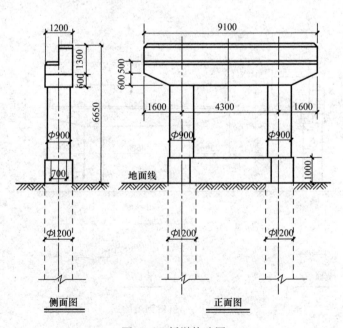

图 11-6　桥墩构造图

习　题

11.1　桥台与桥墩各有什么作用?

11.2　总体布置图与构件图各有哪些内容?

11.3　总体布置图中的立面图、平面图与横剖面图应如何看?

11.4　构件图应如何看?

第12章 某五层框架楼全套施工图实例导读

12.1 某五层框架楼建筑施工图实例导读

建筑设计总说明

一 设计依据

1. 本工程建设主管单位提供的地形图、红线图；设计任务书。
2. 本工程由建设主管单位与某建设研究院密切的建筑工程设计设计合同。
3. 当地城市建设规划管理部门对本工程方案设计的审批意见。
4. 本工程的建设主管单位批准的方案设计文件及有关方案报建往来的一般性函件。
5. 现行有关的国家规范、规定、规程。

二 工程概况

地理位置	某市	建筑面积	6895m²	生产类别		工类
建筑性质	生产	建筑层数	六层	屋面防水等级	二级
工程等级	三级	建筑高度	22.200m		
设计使用年限	50年	耐火耐久等级	二级	结构类别	框架
抗震设防烈度	7度				

三 一般说明

1. 图纸标注尺寸除标高以m为单位外其余均以mm为单位，施工前应仔细核对各专业图纸尺寸，标高有误应及时反映。
2. 图纸尺寸标注以设计尺寸为准，施工前需进行现场复核，标高以绝对标高为准，当与大样图不符时，以大样图为准。
3. 专业工程间相互配合，如遇矛盾，应及时反映，共同解决。
4. 未尽事宜按国家现行有关的规程、规范、规定执行。

四 墙体

1. 本工程采用以下墙体材料作为墙体。
2. 外墙均采用200厚非承重加气混凝土砌块。
3. 墙体安装隔墙采用200厚加气混凝土砌块。
4. 凡墙与管道等穿墙应按设计要求后填实。

五 防水

六 室外工程

1. 散水做法：见标准图01J-307-2/1，宽1200。
2. 室外台阶做法：见标准图01J-307-14/10。
3. 室外坡道做法：见标准图01J-307-3/4。

七 外装修工程

1. 外墙面装饰面做法见苏省标准皖2004J301-19/42，具体位置详见立面图。
2. 外墙石材饰面做法见苏省标准皖2004J113-4/39，具体位置详见立面图。

八 内装修工程

1. 楼地面做法见苏省标准2005J314-15/10。

九 门窗

十 油漆

1. 木门刷棕子白漆，两面均刷一底。

十一 节能设计

1. 外墙外保温做法采用2004J113A外墙保温体系构造及做法。

十二 其他

1. 灭火器配置：每个消火栓开灭火器箱配套。

门窗表（铝合金窗）

门窗名称	洞口尺寸（宽×高）	门窗数量	备注
C5430	5400×3000	3	详大样
C4830	4800×3000	4	详大样
C1823	1800×2300	11	详大样
C0923	900×2300	2	详大样
C1514	1500×1400	8	详大样
C5420	5400×2000	8	详大样
C3020	3000×2000	8	详大样
C1820	1800×2000	44	详大样
C0920	900×2000	8	详大样
C4820	4800×2000	10	详大样
C1227	1200×2700	8	详大样
C9220	9200×2000	4	专业安装

门窗表

门窗名称	洞口尺寸（宽×高）	门窗数量	备注
M7227	7200×2700	1	安全玻璃门，详大样
M0821	800×2100	11	木门 皖95J609 JM-3
M1021	1000×2100	9	木门 皖95J609 XM-4
M1521	1500×2100	38	木门 皖95J609 XM-7
PLM1021	1000×2100	1	铝合金门 皖93J605 PLM3-1021

1. 各类门窗应待结构施工完成后，复核尺寸、数量，再订制安装。
2. 窗单块玻璃面积不小于1.5m²均采用安全玻璃。
3. 所有外门窗的设计、制作、安装均由有资质的专业公司承担，并符合国家有关规定及规范。

C4820　C5420　C1820　C3020　C4830　C5430　C1823　C0923　C1514　C0920　C1227

节能设计简表

项目		标准限制	设计选用				
窗墙面积比（包括非透明幕墙）	传热系数 K（W/(m²·K)）		朝向	Cm	K	SC	可见光透射比	可开启面积
	Cm≤0.2	≤4.7	东向	0.36	3.9	0.5	0.4	31%
	0.2<Cm≤0.3	≤3.5	南向	0.39	3.9	0.5	0.4	33%
	0.3<Cm≤0.4	≤3.0	西向	0.27	3.9	0.5	0.4	36%
	0.4<Cm≤0.5	≤2.8	北向	0.22	3.9	0.5	0.4	32%
	0.5<Cm≤0.7	≤2.5						

遮阳系数SC（东、南、西、北）:
Cm≤0.2 | —
0.2<Cm≤0.3 | 0.55/—
0.3<Cm≤0.4 | 0.5/0.6
0.4<Cm≤0.5 | 0.45/0.55
0.5<Cm≤0.7 | 0.40/0.50

外窗幕墙气密性等级: 外窗4级 0.5<C1≤1.5 1.5<C2≤4.5 （外窗4级） 幕墙3级 每m²缝长≤1.5 每m²面积≤4.5

屋顶透明部分: 明屋顶面/屋顶总面积≤20%, K≤3.0, Sc≤0.4

屋顶: K≤0.7 （设计选用） Km=0.66;
外墙（包括非透明幕墙）: Km≤1.0 厚度40mm; 材料: 挤塑聚苯板 厚度: 30mm, 材料: 膨胀聚苯板
底层架空或外挑楼板: Km≤1.0 保温隔热材料: 外保温☑、内保温☐、自保温☐ 材料: 膨胀聚苯板 厚度: 30mm,
地面: 热阻≥1.2 上保温☐、下保温☐ 厚度: 材料:
地下室外墙: 热阻≥1.2 材料:

其余措施:
朝向: 南偏东或西15°～35°☐ 南偏东或西15°☐ 南偏西☐ 南偏东或西15°☐ 其他☐
外遮阳: 有☐ 无☐ 中庭采光☐ 自然☐ 机械☑ 其他☐
外门: 有门斗☐ 旋转☐ 中庭通风☐ 中庭玻璃☐ 幕墙通风☐ 有开启启幅☐ 机械☑ 机械☐

注: 1. 墙体传热系数、均按围护结构热后的平均传热系数。
2. 表中框料、玻璃内保温等有☐者，可采用打勾"√"方式填写；其余均应填入相应的设计选用数据。

玻璃幕墙（设计选用）

	框料			玻璃		镀膜
	铝合金	断热桥	塑钢	单片	中空	
31%	✓				FL5+9+FL5	
33%	✓				FL5+9+FL5	Km=0.92
36%	✓				FL5+9+FL5	
32%	✓				FL5+9+FL5	Km=1.09

幕墙 … 级 … K=0.66;

某建筑设计研究院
建筑工程甲级证书
编号:110111-sj
备注:
建设单位:
工程名称:
子项:
图纸名称: 建筑设计总说明
工程勘察设计资质（出图）专用章
注册师章
签名

类别					
审定	审核	工程主持人	工种负责人	校对	制图
会签栏	建筑	结构	给水排水	电气	暖通	工艺

工程编号　图别: 建施　图号: 15　出图日期　图 2

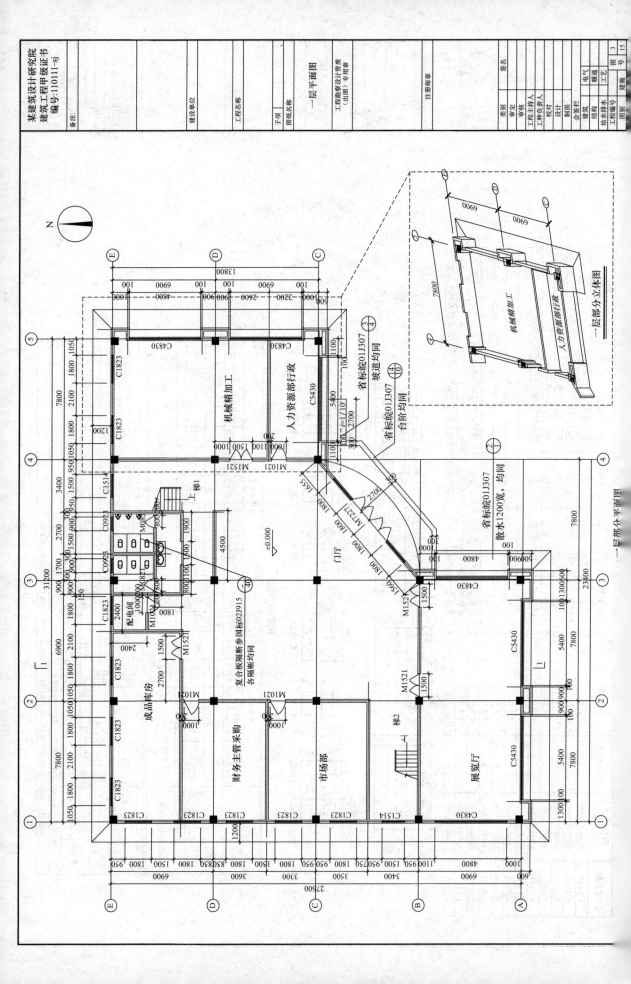

一层平面图

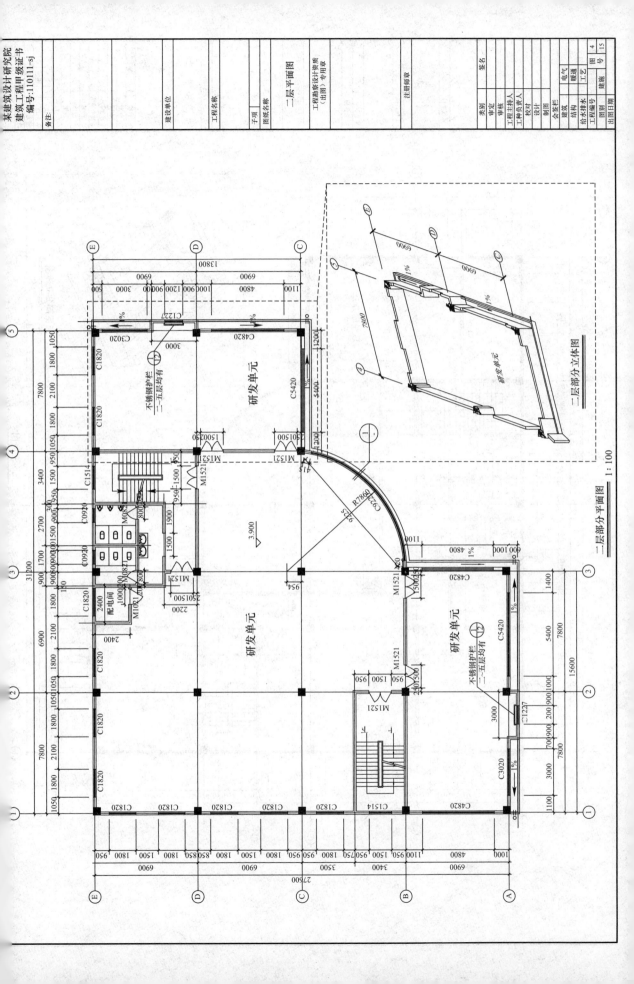

二层部分立体图

二层部分平面图　1：100

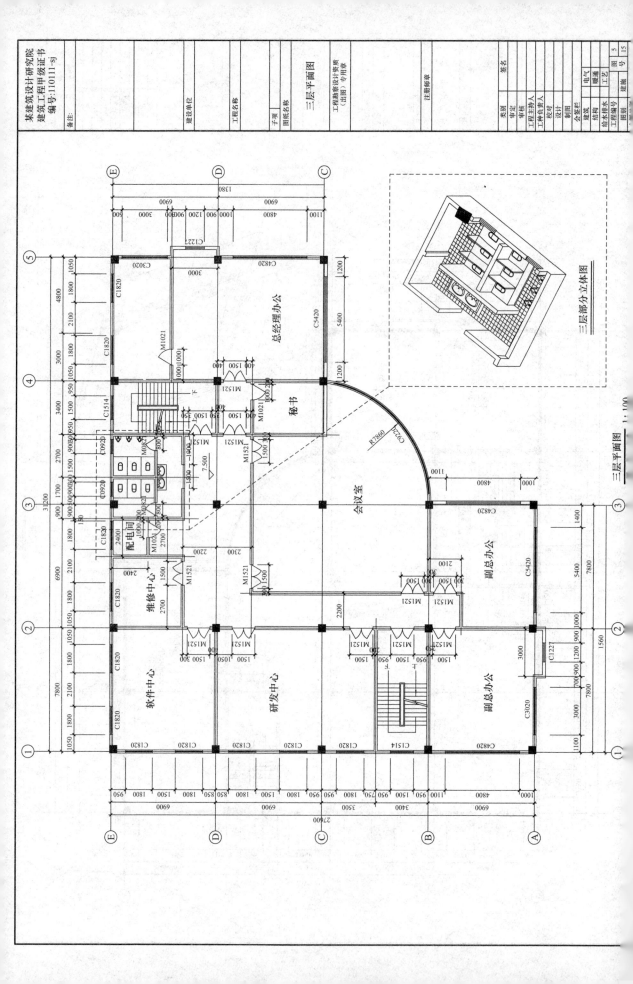

三层平面图 1:100

三层部分立体图

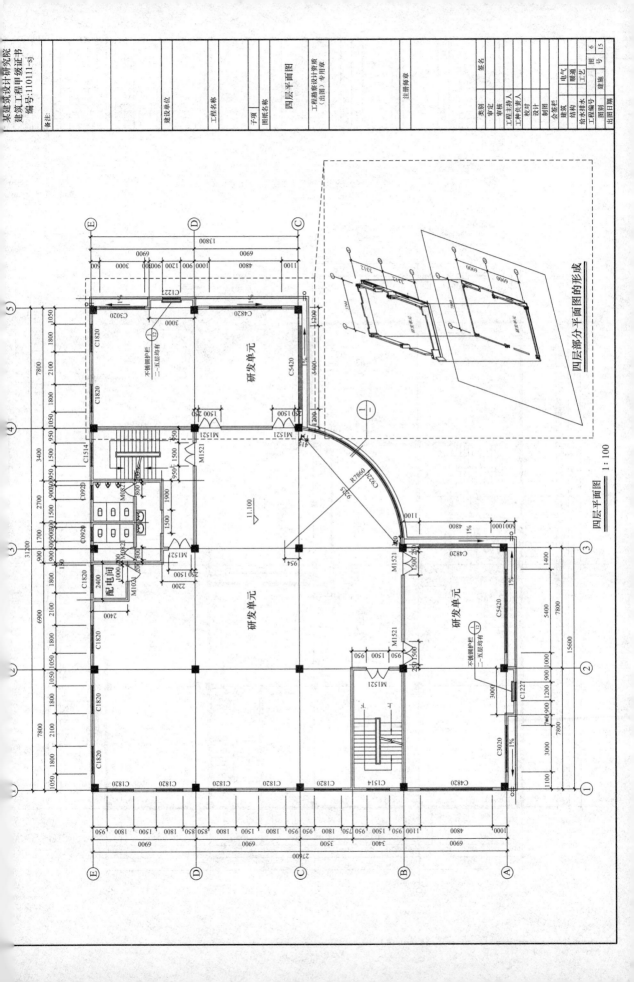

四层平面图 1:100

四层部分平面图的形成

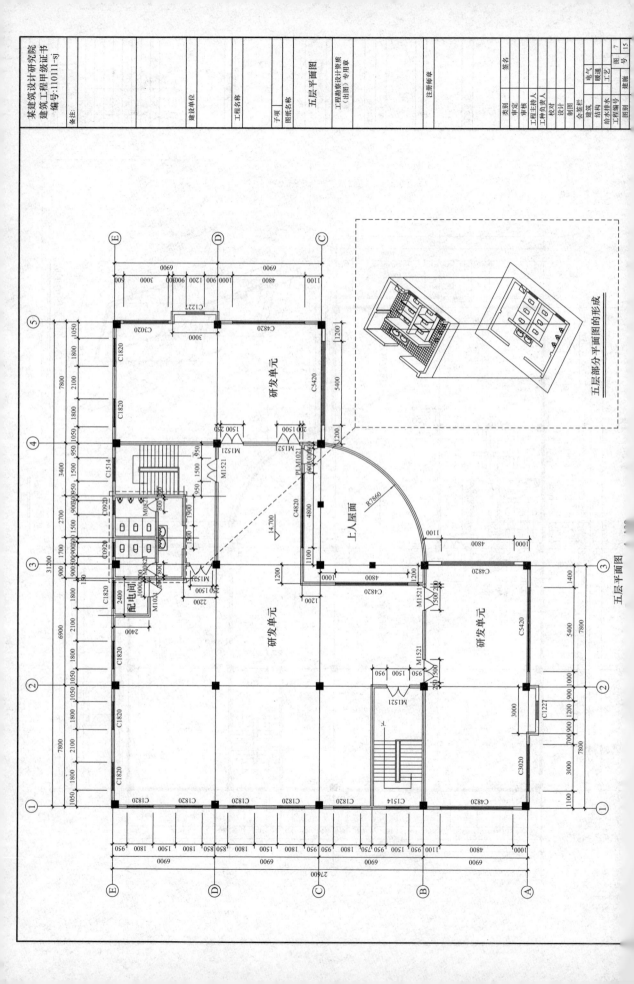

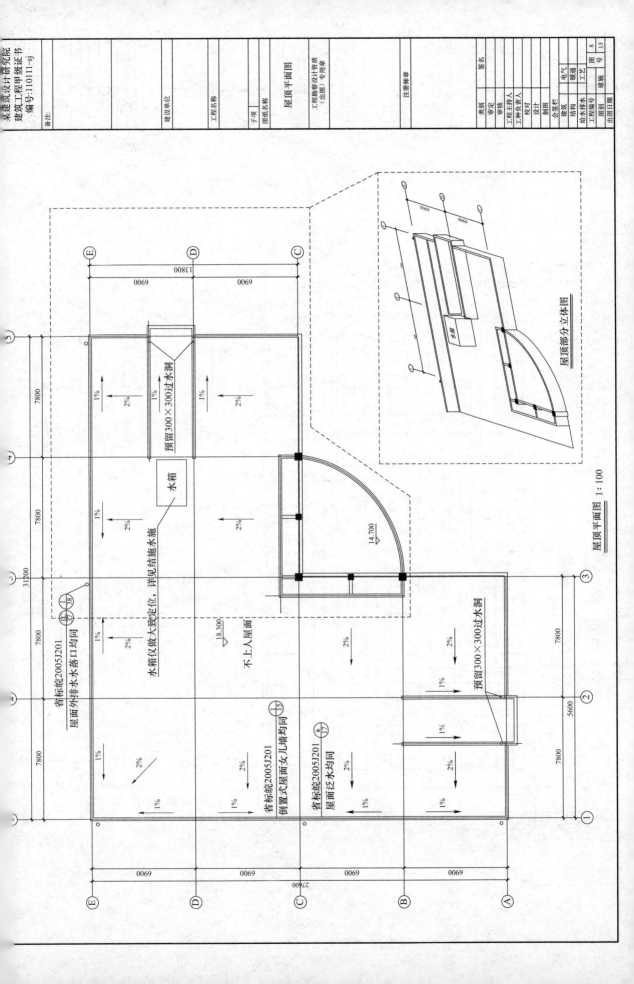

屋顶平面图 1:100

屋顶部分立体图

某建筑设计研究院
建筑工程甲级证书
编号:110111-sj

备注:

建设单位
工程名称
子项
图纸名称　屋顶平面图

工程勘察设计资质
(出图)专用章

注册师章

签名		
类别		
审定		
审核		
工程主持人		
工种负责人		
校对		
设计		
制图		
会签栏		电气
建筑		暖通
结构		工艺
给水排水		建施
工程编号		图别
图号	8	
出图日期		15

省标院2005J201
屋面外排水水落口均同

水箱仅做大致定位,详见结施水施

不上人屋面 18.300

水箱

省标院2005J201
倒置式屋面女儿墙均同

省标院2005J201
屋面泛水均同

预留300×300过水洞

预留300×300过水洞

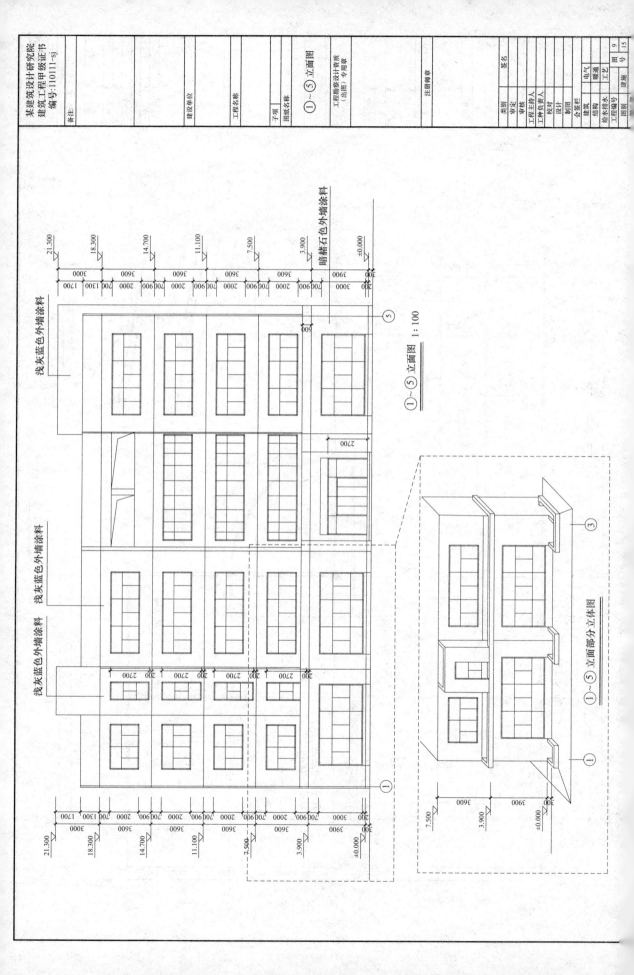

①～⑤立面图 1:100

①～⑤立面部分立体图

浅灰蓝色外墙涂料

暗褚石色外墙涂料

某建筑设计研究院
建筑工程甲级证书
编号:110111-sj

备注:

建设单位
工程名称
子项
图纸名称

①～⑤立面图

工程勘察设计资质
(出图)专用章

注册师章

签名

类别   建筑   电气
审定   结构   暖通
工程主持人   给水排水   工艺
工种负责人
校对
设计
制图
会签栏
建筑
结构
给水排水
工艺
图别   建施
图号   15
工程编号   9

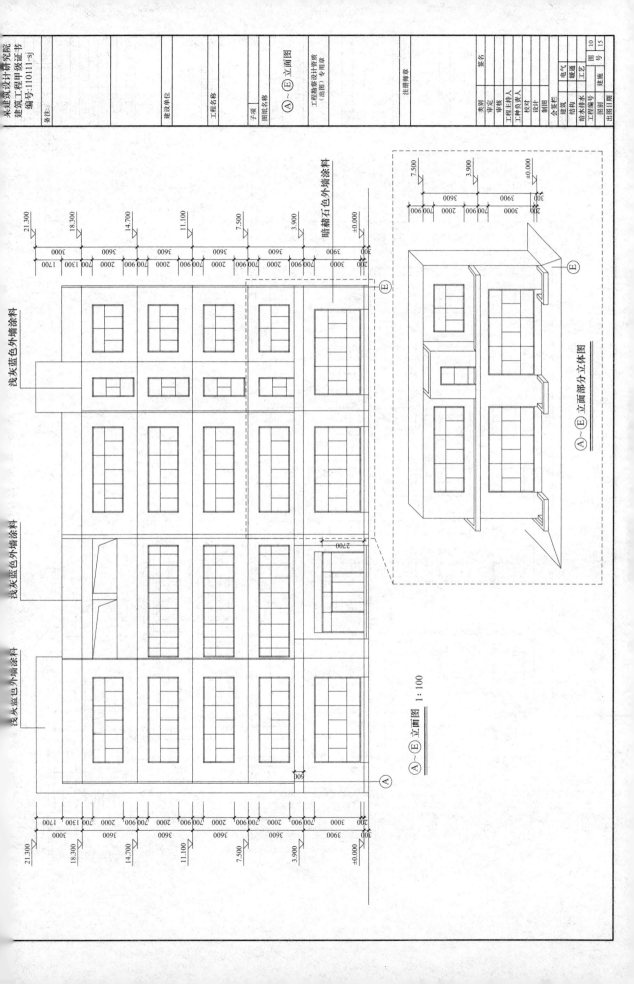

Ⓐ～Ⓔ 立面图 1:100

Ⓐ～Ⓔ 立面部分立体图

浅灰蓝色外墙涂料

浅灰蓝色外墙涂料

浅灰蓝色外墙涂料

暗棕石色外墙涂料

21.300
18.300
14.700
11.100
7.500
3.900
±0.000

7.500
3.900
±0.000

某建筑设计研究院
建筑工程甲级证书
编号:1101111-sj

备注:

建设单位
工程名称
子项
图纸名称

Ⓐ～Ⓔ 立面图

工程勘察设计资质
(出图) 专用章

注册师章

类别
审定
审核
工程主持人
工种负责人
校对
设计
制图
会签栏

电气
暖通
工艺
建筑
结构
给水排水
工程编号
图号
出图日期

签名

图号 10
15

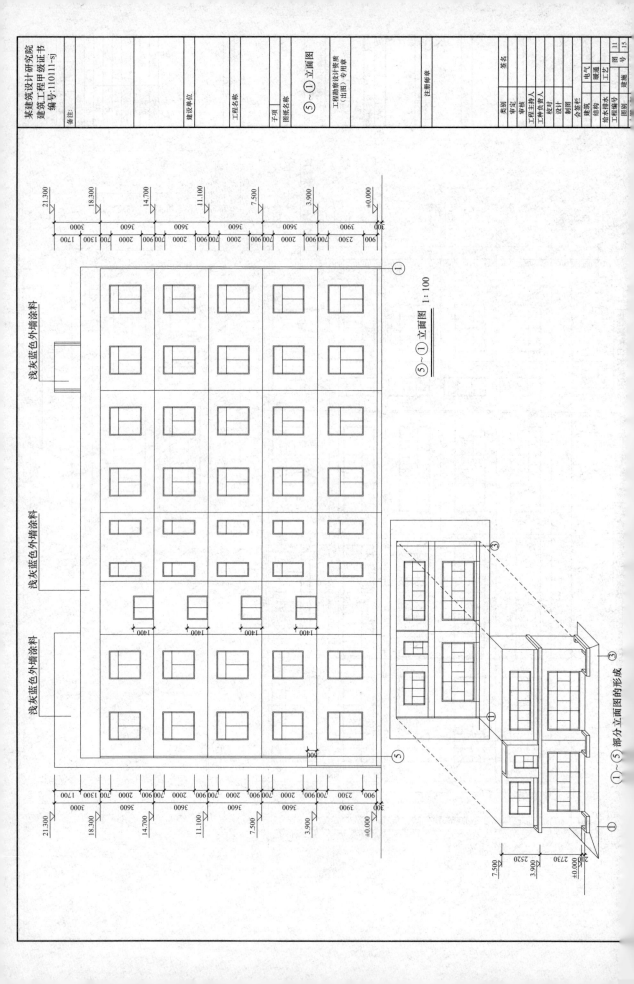

⑤～① 立面图 1:100

①～⑤ 部分立面图的形成

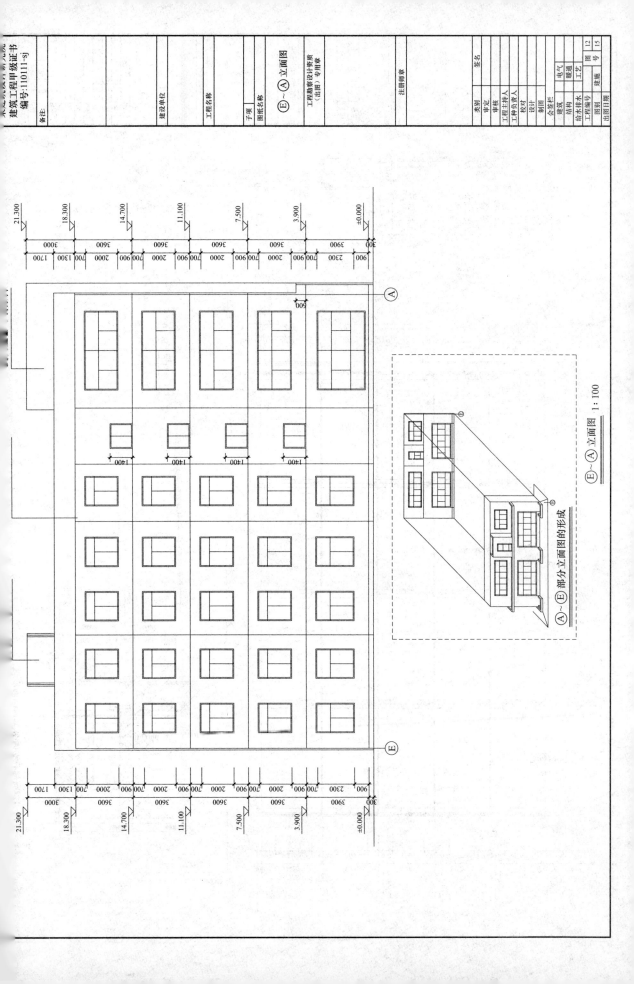

E～A 立面图 1:100

A～E 部分立面图的形成

备注

建设单位

工程名称

子项

图纸名称

E～A 立面图

工程勘察设计资质
（出图）专用章

注册师章

类别	签名
审定	
审核	
工程主持人	
工种负责人	
校对	
设计	
制图	
会签栏	

		电气	
建筑		暖通	
结构		工艺	
给水排水			
工程编号		图别	建施
图号		图号	12
出图日期			15

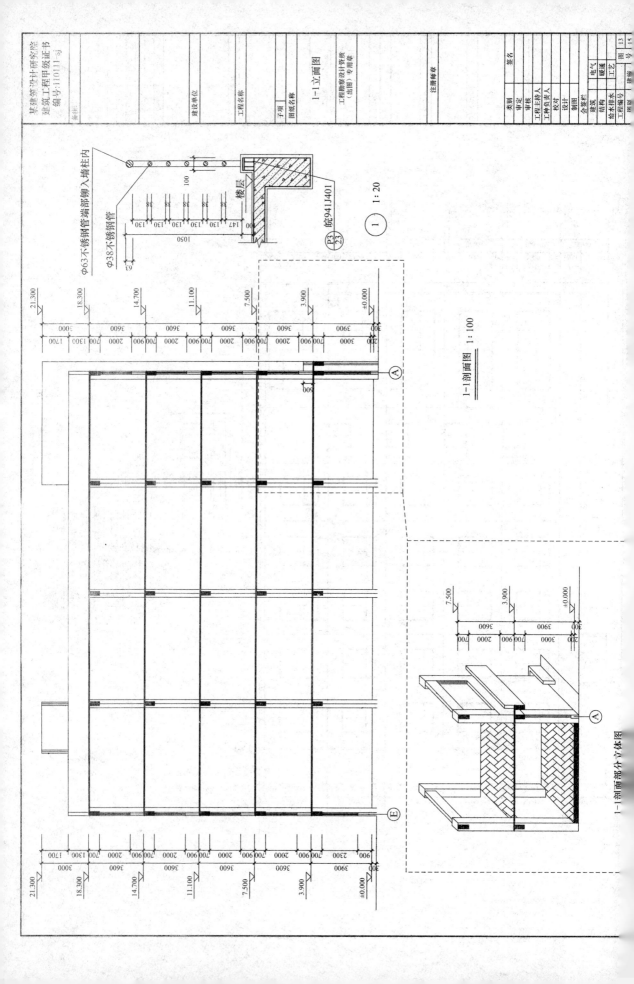

某建筑设计研究院
建筑工程甲级证书
编号:1101111-sj

类别	审定	审核	工程主持人	工种负责人	校对	设计	制图	会签栏	建筑	结构	给水排水	电气	暖通	工艺

签名

建设单位

工程名称

子项

图纸名称 1-1立面图

工程勘察设计资质
(出图)专用章

注册师章

工程编号 建施

图别 建施 图号 13 共 15

1:20

皖94IJ401
P3
23

Φ63不锈钢管端部铆入墙柱内
Φ38不锈钢管

楼层

1-1剖面图 1:100

1-1剖面部分立体图

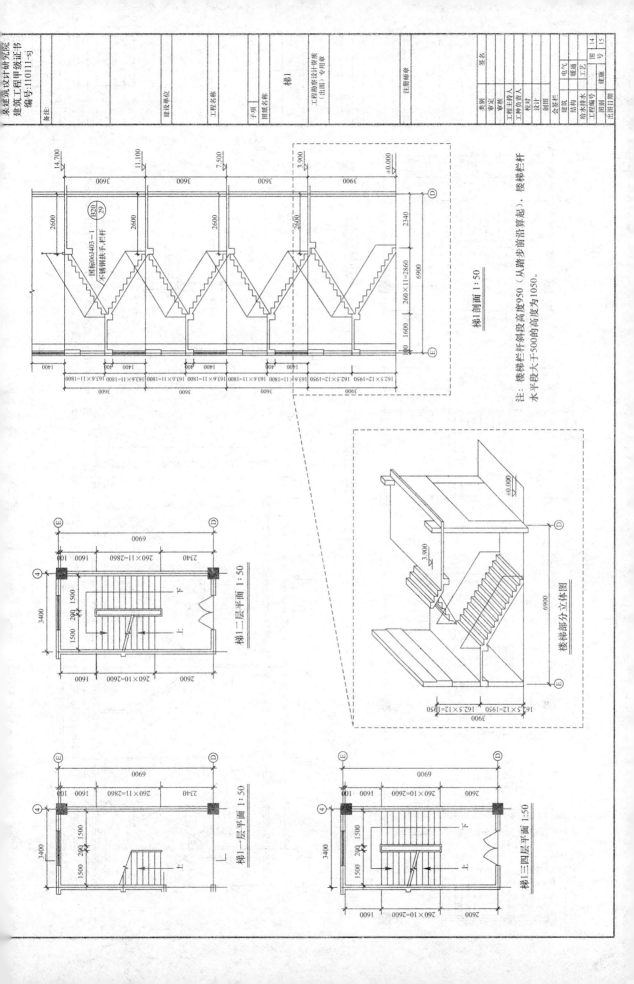

梯1剖面 1:50

注：楼梯栏杆斜段段高度950（从踏步前沿算起），楼梯栏杆
水平段大于500的高度为1050。

梯1二层平面 1:50

梯1一层平面 1:50

梯1三四层平面 1:50

楼梯部分立体图

国标06J403—1
（不锈钢扶手、栏杆
29
B20
）

某建筑设计甲级研究院
建筑工程甲级证书
编号:110111-sj
备注：

建设单位
工程名称
子项
图纸名称   梯1
工程勘察设计资质
（出图）专用章
注册师章

签名
类别
审定
审核
工程主持人
专业负责人
校对
设计
制图
会签栏
建筑
结构
给水排水

电气
暖通
工艺

建筑
结构
给水排水
工程编号
图别   图施
图号   15
出图日期

图　14
图号　15

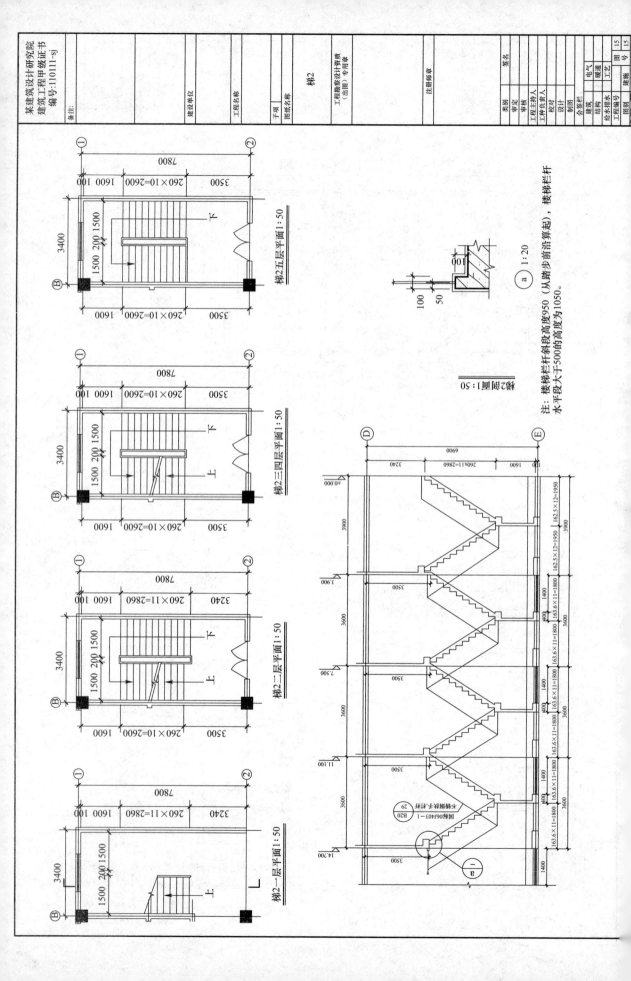

梯2五层平面1:50

梯2三四层平面1:50

梯2二层平面1:50

梯2一层平面1:50

梯2剖面图1:50

a 1:20

注:楼梯栏杆斜段高度950(从踏步前沿算起),楼梯栏杆
水平段大于500的高度为1050。

结构设计总说明（一）

一、工程概况

结构形式	建筑结构安全等级	基础设计等级	设计使用年限
框架	二级	两级（乙级或丙级）	50年

本工程设计标高±0.000相当于绝对高程暂定为51.700。

二、设计依据

1. 自然条件

抗震设防烈度	地面粗糙度类别	基本风压
7度	C类	0.35kPa

基本雪压 0.60kN/m²

2. 楼屋面活荷载标准值（KN/m²）

部位	办公	走道	楼梯	库房	不上人屋面	一般上人屋面
	2.0	2.5	3.5	5.0	0.5	

3. 主要设计规范、规程以及技术规定

- 房屋建筑制图统一标准 GB/T50001-2001
- 建筑结构制图标准 GB/T50105-2001
- 建筑结构荷载规范 GB50009-2001
- 混凝土结构设计规范 GB50010-2002
- 建筑抗震设计规范 GB50011-2001
- 高层建筑混凝土结构技术规程 JGJ3-2002
- 建筑地基基础设计规范 GB50007-2002
- 建筑桩基技术规范 JGJ 94-94

三、结构材料

1. 混凝土强度等级

构件	墙柱	梁板	过梁、圈梁、构造柱	基础
基础顶面以下	C30	C25	C20	C25（垫层C15）
-3.900以上~屋面层	C25	C25		

4. 填充墙砌块及砌筑砂浆

位置	砌块品种	砌块强度等级	砂浆种类	砂浆强度等级	砌块墙体容重
室内地坪以上	实心混凝土砌块	MU10	混合砂浆M5	≤18kN/m³	
室外地坪以下	实心混凝土空心砌块	MU5	水泥砂浆M5	≤10kN/m³	

四、地基基础

1. 本工程采用下独立柱基础，持力层为2层粘土，f_{ak}=260kPa。
2. 基础施工注意事项：
   （1）开挖至槽底，应采取完善的支护措施确保边坡稳定和周围建筑物、道路的安全。基坑采用明挖放坡时，只宜以基础出坡以上，余下由人工开挖，保证机械不扰动土层。
   （2）基坑开挖后如遇地下水，应进行人工降水。枯水、人防工事，应通知勘察与设计单位研究处理。
3. 地下室要求详见"地下室结构构造说明"，本工程无。

五、钢筋锚固、连接

1. 钢筋锚固长度详见03G101第33页相关抗震等级的构造详图。纵向受拉钢筋的搭接长度L_{IE}见03G101第34页（纵向钢筋的搭接接头面积百分率为≥25%且≤50%）；$1.4l_{aE}$（纵向钢筋的搭接接头面积百分率为>25%且≤50%），其余均为一类。

六、框架、抗震框架和楼板构造要求

1. 本工程采用国标（混凝土结构施工图平面整体表示方法制图规则和构造详图）03G101-1的表示方法。施工图中未注明的构造要求均应按标准图的有关要求执行。
2. 框架部分补充要求
   （1）井字梁的端支座和中间支座上部纵筋的延伸长度均为$L_n/3$，L_n为支承井字梁的框架梁的净跨。
   （2）有悬挑端的框架梁、次梁要求见如图。

（2）楼板钢筋伸入梁内时，板底筋锚固长度≥5d且及150mm，且要伸过支座中心线；板面筋锚固长度为L_{aE}。当板底筋与底座不平时，板底钢筋置于上排。

（3）支座部分的楼板顶标高不要开开（$H/L≤1:6$）或允许板离处理。

（4）框架部分补充要求。

（5）楼板、屋面板开洞，洞面板面筋，结构图中未标明，施工时各层板均应按本图施工。

（6）当洞口边长（直径）<300mm时，板底钢筋绕过洞口不切断。

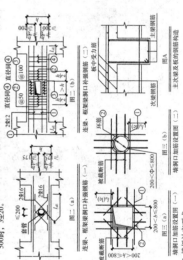

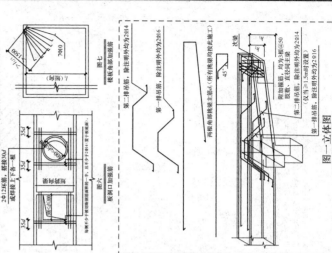

某建筑设计研究院
建筑工程甲级证书
编号：110111-sj
备注：

建设单位
工程名称
子项
图纸名称　结构设计总说明（二）
工程勘察设计资质
（出图）专用章
注册师章

类别	签名
审定	
工程主持人	
工种负责人	
校对	
设计	
制图	
会签栏	建筑 结构 给水排水 电气 暖通 工艺

图别 建施
图号 2
图号 17

结构设计总说明（二）

七、砌体填充墙构造要求

1. 砌体填充墙端头应沿墙高每隔500mm，用2φ6钢筋与柱（或构造柱）拉结牢，详见本图②大样栏。

2. 当无构造长大于5m且墙高不超过4m时，墙顶部与梁板的连接按本图②99G304，墙无构造长大于5m或墙高超过4m时，墙顶部与梁板的连接按本图①99G304③大样栏。当墙高超过④大样施工。

3. 墙端通长纵向大于半高（一般在合门窗洞口上方或楼板底面水平梁高（梁底），梁或构造柱半墙纵向设置与边柱连接），配系纵与①墙相交处的钢筋构造应由150，配系纵φ12，箍筋φ6@200，柱（或抗震墙）施工过程时。

4. 建筑外墙的阴阳转角、墙长边大的阳角，配筋较大样设置，大洞口上（≥2.0m）两侧，楼梯间构造设置GZ1（墙厚×200，4φ12，筋φ6@200），除与各层结构墙填楼向原墙位置和以上原墙进行核对补充。

5. 高度大于500mm的女儿墙或大于4m构带形墙的封闭合墙，阳台栏板应设GZ1详图侧应设及核@墙混间距≤3m，中心间距均按图八设压顶梁。长与压顶带=500mm。女儿墙压顶设高度表1.8m应。

6. 女儿墙厚度大于1.8m厚墙，下墙顶端均按图八设压顶梁。长与窗墙混混向设置住混，柱（混凝土墙上端）过长不足时，相应位置顶梁埋九设置。

7. 砌体洞口按下表采用钢筋混凝土过梁，见图十：
   (1) 过梁长=l_n+2×a，见图十。
   (2) 洞顶高梁底距离小于过梁混凝土过墙高度时，过梁与墙柱部现浇混凝土混凝。
   (3) 当洞顶与柱（混凝土墙上端）边小足时，柱应伸至墙顶直接埋设过梁纵筋。

图八 女儿墙压顶图
图九 女儿墙立面图

过梁表

洞口净跨 l_n(mm)	<1000	1000≤l_n<1500	1500≤l_n<2000	2000≤l_n<2500	2500≤l_n<3000	3000≤l_n<3500
梁高 支座长度						
①	120	150	180	240	300	
②	240	240	240	370	370	
①	2φ10	2φ10	2φ10	2φ12	2φ12	
②	2φ14	2φ14	2φ14	2φ16	2φ16	

两侧箍筋架采用 φ6@200
图十 过梁

图十一 施工时在过梁纵筋

八、其他结构构造与说明

1. 本工程（没、未设）结构后浇带，后浇带做法见图十一。
   (1) 温度后浇带混凝土浇筑时间间应不少于2个月。
   (2) 沉降后浇带应在两侧结构单元沉降基本稳定后再行浇筑。

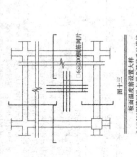

图十一 门洞顶过梁处

结构设计总说明（八中一条）

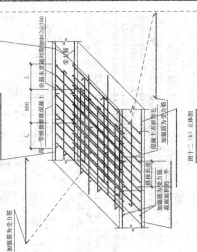

图十三 板温度收缩设置大样

2. 屋面板负筋如没有贯通设置，则按图十三设置板面抗裂钢筋。

图十二(a) 立体图
图十二(b) 立体图

（续前页）

1. 本工程设计超长（属Ⅰ、不属Ⅰ）超长结构，设计采用以下措施防止由于结构而超长：
   (1) 设置后浇带：详总说明八中一条。
   (2) 应采用低水化热的水泥配制混凝土，并适量加入外加剂。
   (3) 应采用坚硬、含泥量小、级配良好的粗骨料配制混凝土。
   (4) 建议地下室采用抗裂防水剂或加外加剂的混凝土，外加剂的掺入应符合国家现行标准的有关规定要求。供设计方应按详细提供施工方案和施工要求，保证外加剂的正确使用。
   (5) 施工时应严格控制混凝土浇筑质量，加强养护，采取合理的施工工序。

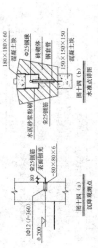

图十四 水池点详图

3. 本工程（要求、不要求）进行建筑物的沉降观测。
   (1) 观测点平面位置见图"结"及相应图示第十四。
   (2) 观测次数：首层施工完即开始观测，一层观测一次，竣工、逾工验收以后，第一年每隔3个月观测一次，第二年每隔2次，以后每年一次，直到下沉稳定为止。对突发生异常沉降情况，应及时加密观测次数。

4. 本工程（要求、不要求）进行建筑物的沉降观测。

5. 所有预埋套管、预留洞及预埋件应配合各专业相关图纸施工，并经相关专业验收后无误后方可施工，详相关专业图。（少于φ300mm的孔洞结构图纸中不表示）

6. 全套图纸必须经各相关图纸会审方可施工。施工中如遇到问题或有不明之处，请及时通知设计人员进行解决。

7. 本工程在施工过程中，应严格按图施工，未经设计人员同意不得擅自更改图纸。任房屋建成使用过程中不得随意改变使用功能，另由业主采用本专业公司设计，施工单位做好预留工作。

8. 本工程玻璃幕墙、轻钢雨篷、轻钢屋顶装饰构架、中庭装饰钢顶棚由专业公司设计。

9. 本工程电梯基坑、相应集水、施工图，吊钩端等持甲方订货后进行校核或补充设计。

10. 本工程电梯基坑、相应集水、施工图，吊钩端等持甲方订货后进行校核或补充设计。

11. 本工程结构分析采用中国建筑科学研究院PKPM系列软件。

图十二(b) 立体图

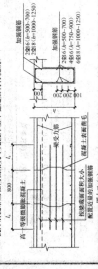

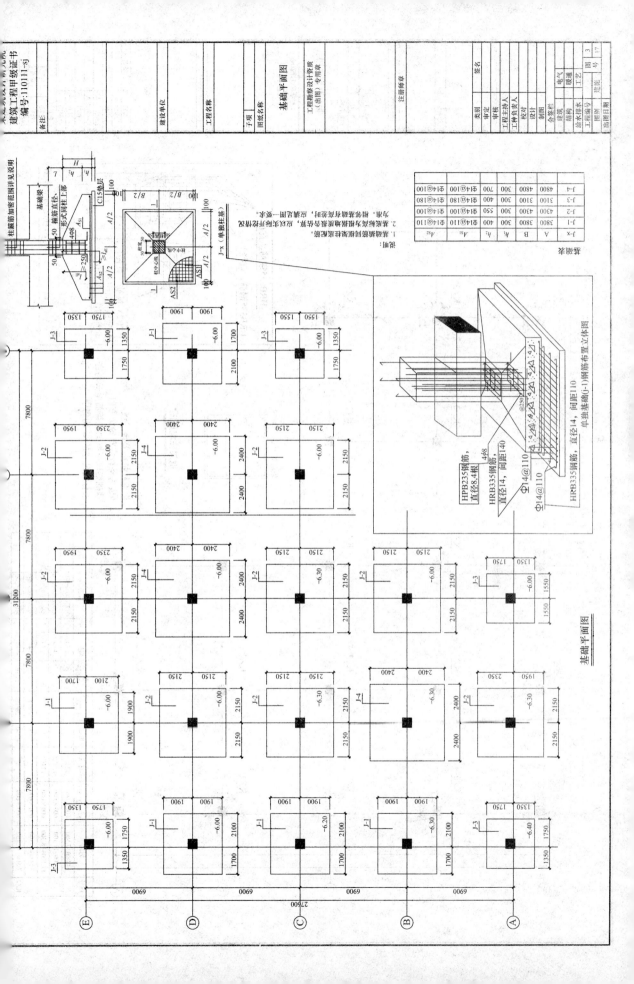

基础平面图

基础表

J-x	A	B	h_1	h_2	A_{S1}	A_{S2}
J-1	3800	3800	300	400	Φ14@110	Φ14@110
J-2	4300	4300	300	550	Φ14@100	Φ14@180
J-3	3100	3100	300	400	Φ14@180	Φ14@100
J-4	4800	4800	300	700	Φ14@100	Φ14@100

说明:
1. 基础箍筋型号需详柱表配筋。
2. 基础配筋为横截面底排钢筋,应以实际布置钢筋设为准。
3. 详各详视截面有原截面出,以量尺出一一符合。

单独基础J-1钢筋布置立体图

HPB235钢筋,直径8.4根,4Φ8
HRB335钢筋,直径14,间距140
Φ14@110
Φ14@110
HRB335钢筋,直径14,间距110
@250图

柱箍筋加密范围详见说明

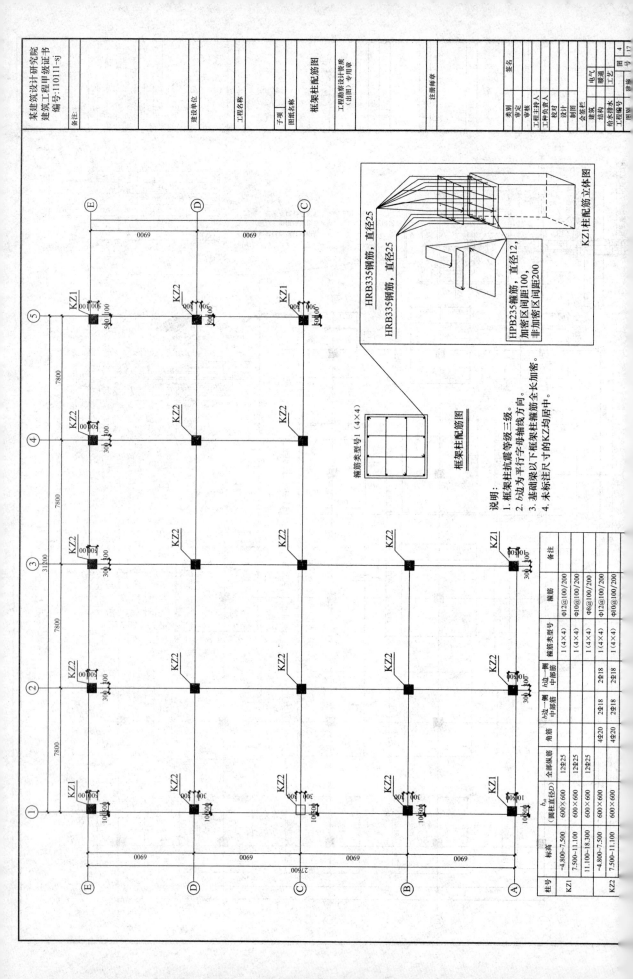

框架柱配筋图

KZ1柱配筋立体图

框架柱配筋图

箍筋类型号1（4×4）

HRB335钢筋，直径25
HRB335钢筋，直径25
HPB235箍筋，直径12，加密区间距100，非加密区间距200

说明：
1. 框架柱抗震等级三级。
2. b边为平行字母轴线方向。
3. 基础梁以下框架柱箍筋全长加密。
4. 未标注尺寸的KZ均居中。

柱号	标高	$b \times h$（圆柱直径D）	全部纵筋	角筋	b边一侧中部筋	h边一侧中部筋	箍筋类型号	箍筋	备注
KZ1	-4.800～7.500	600×600	12Φ25				1（4×4）	Φ12@100/200	
	7.500～11.100	600×600	12Φ25				1（4×4）	Φ10@100/200	
	11.100～18.300	600×600	12Φ25				1（4×4）	Φ8@100/200	
KZ2	-4.800～7.500	600×600		4Φ20	2Φ18	2Φ18	1（4×4）	Φ12@100/200	
	7.500～11.100	600×600		4Φ20	2Φ18	2Φ18	1（4×4）	Φ10@100/200	

某建筑设计研究院
建筑工程甲级证书
编号：110111-sj
备注：

建设单位
工程名称
子项
图纸名称　框架柱配筋图
工程勘察设计咨质（出图）专用章
注册师章

签名
类别
审定
审核
工种负责人
工种负责人
设计
校对
制图
会签栏
建筑
结构
给水排水
工程编号
图别　结施
图号　4
17
电气
暖通
工艺

律师

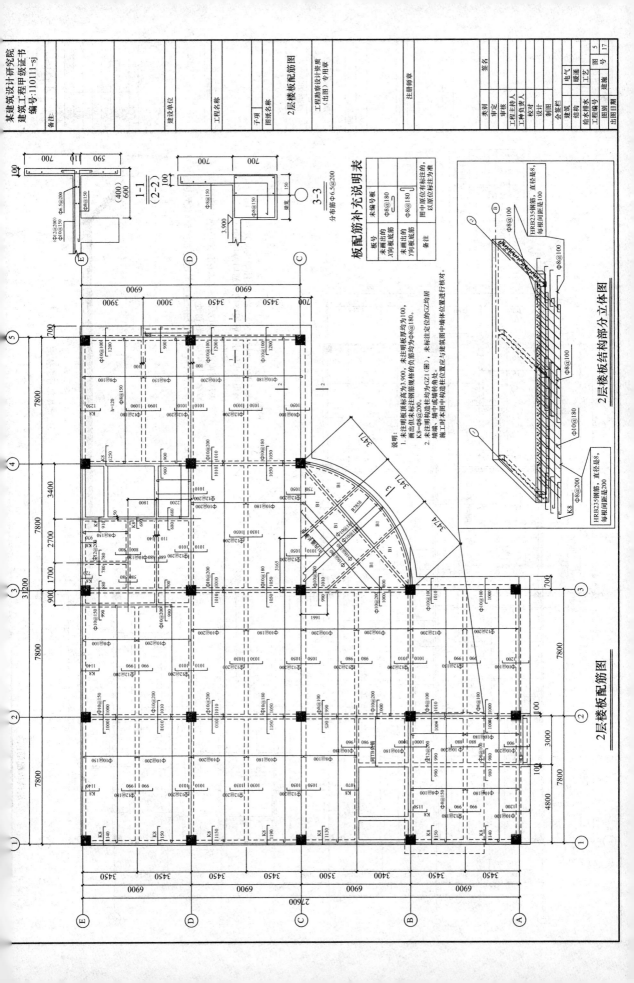

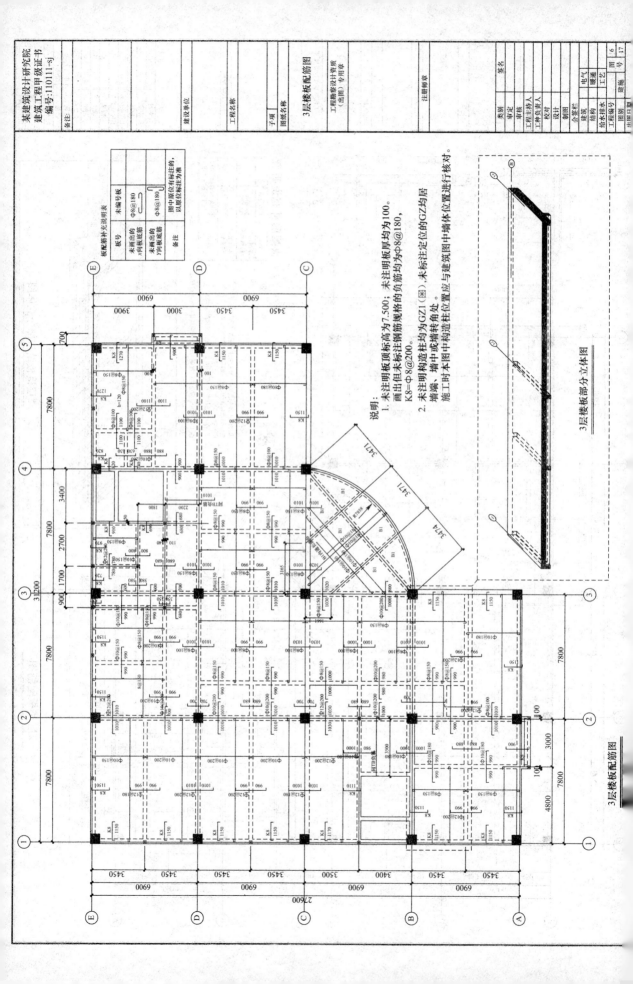

3层楼板配筋图

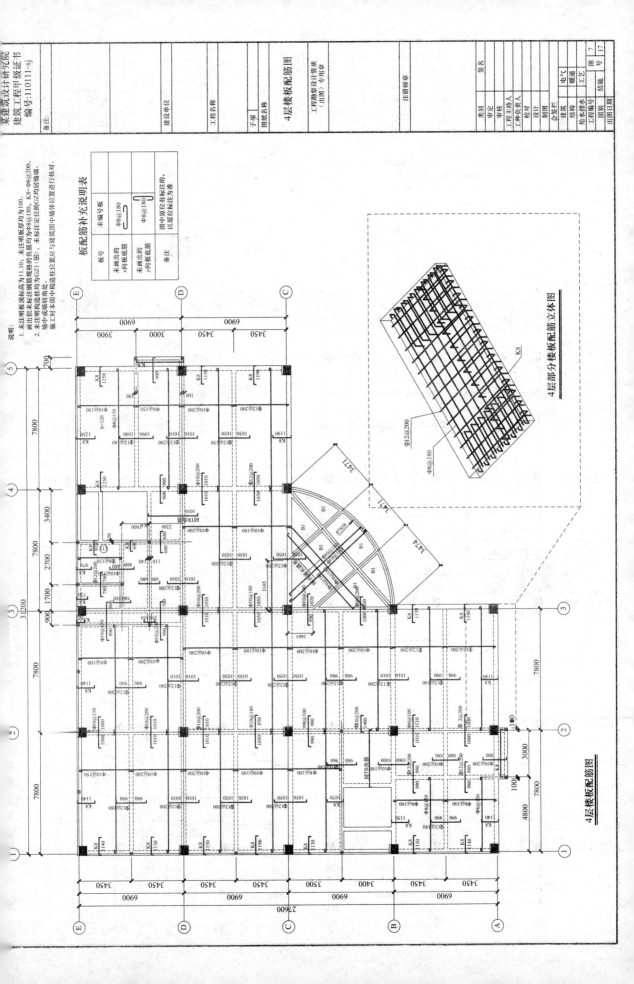

4层楼板配筋图

4层部分楼板配筋立体图

板配筋补充说明表

说明：
1. 未注明板顶标高为11.10；未注明板厚均为100。
画出但未标注钢筋规格的负筋均为Φ8@180，K8=Φ8@200。
2. 未注明板构造柱均为GZ1（图），未标注定位的GZ均居端端。
施工时未图中构造柱位置与建筑图中墙体位置进行核对。墙中或端转角处。

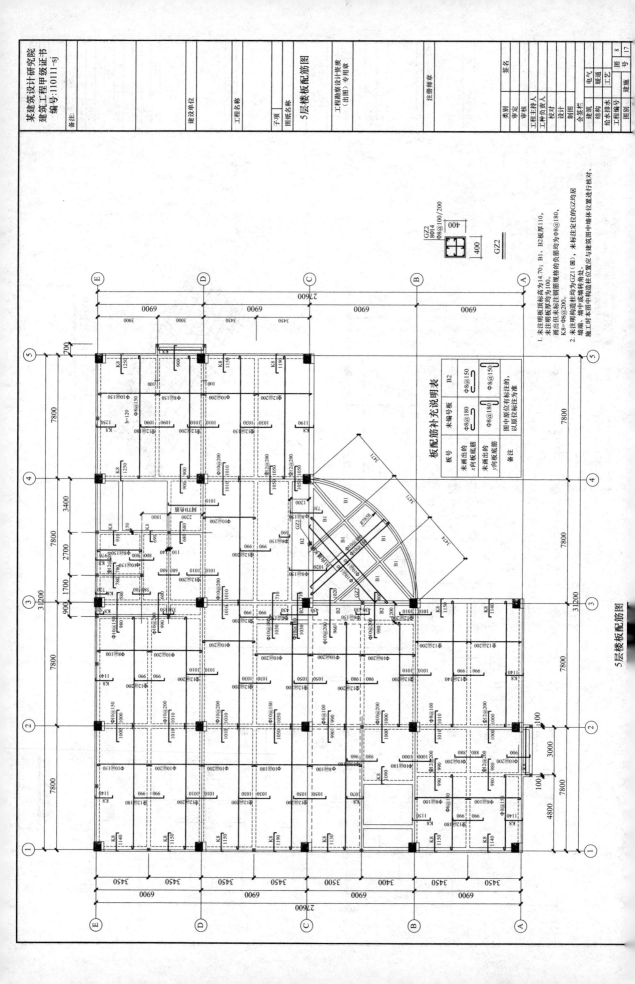

5层楼板配筋图

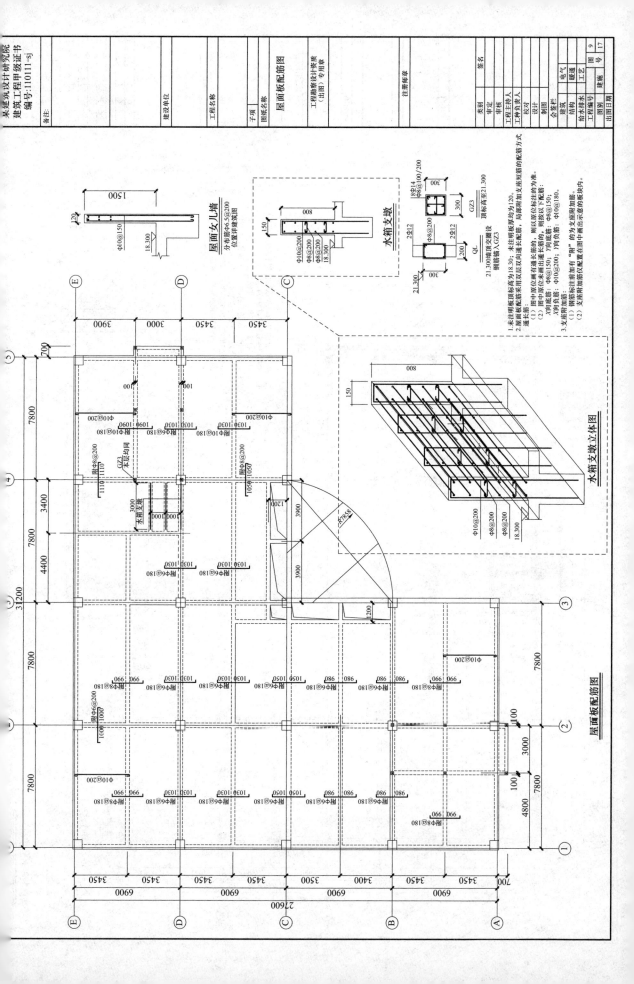

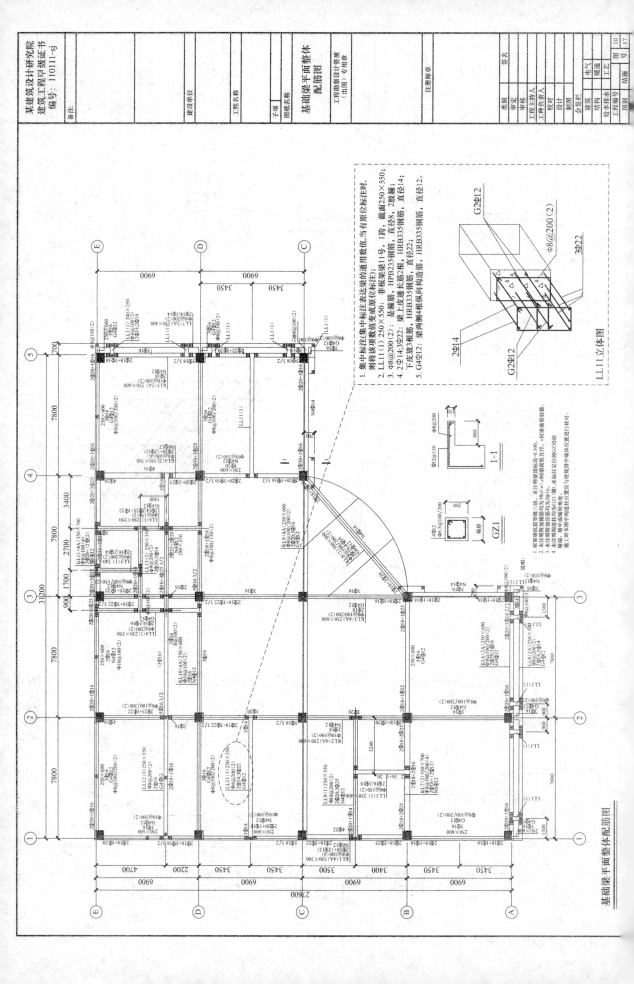

基础梁平面整体配筋图

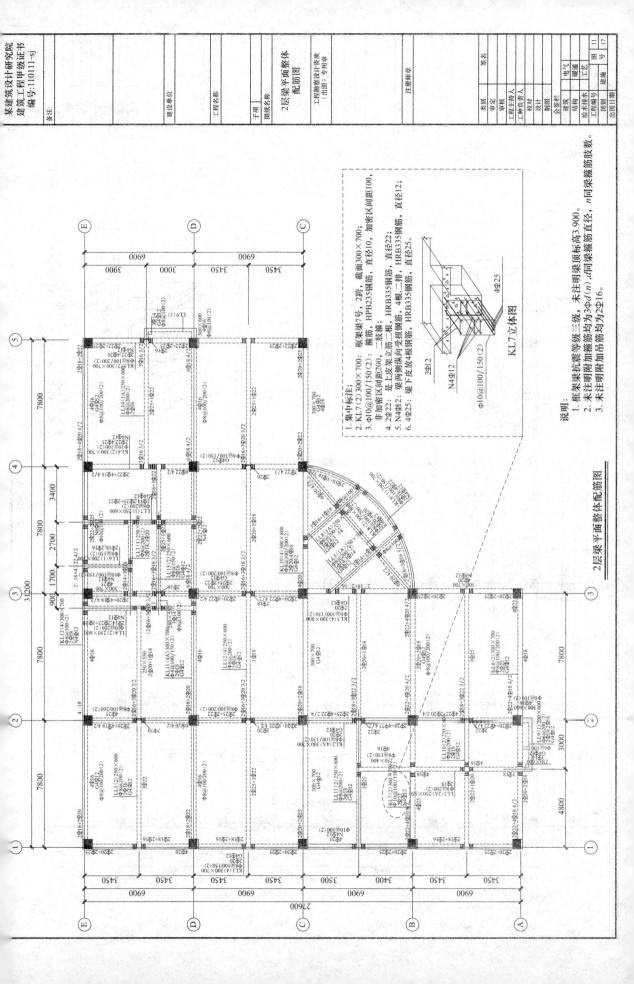

说明

1. 框架梁抗震等级三级，未注明梁顶标高3.900。
2. 未注明附加箍筋均为3×d(n)，d同梁箍筋直径，n同梁箍筋肢数。
3. 未注明梁加吊筋均为2Φ16。

集中标注：

1. KL7(2) 300×700；
2. KL7(2) 300×700，2跨，截面300×700；
3. Φ10@100/150(2)：箍筋，HPB235钢筋，直径10，加密区间距100，非加密区间距200，二肢箍；
4. 2Φ22：是上皮梁立筋，HRB335钢筋，直径22；
5. N4Φ12：梁两侧纵向受扭钢筋，4根，二排，HRB335钢筋，直径12；
6. 4Φ25：梁下皮放4根纵向钢筋，HRB335钢筋，直径25。

KL7立体图

N4Φ12
4Φ25
2Φ22
Φ10@100/150(2)

2层梁平面整体配筋图

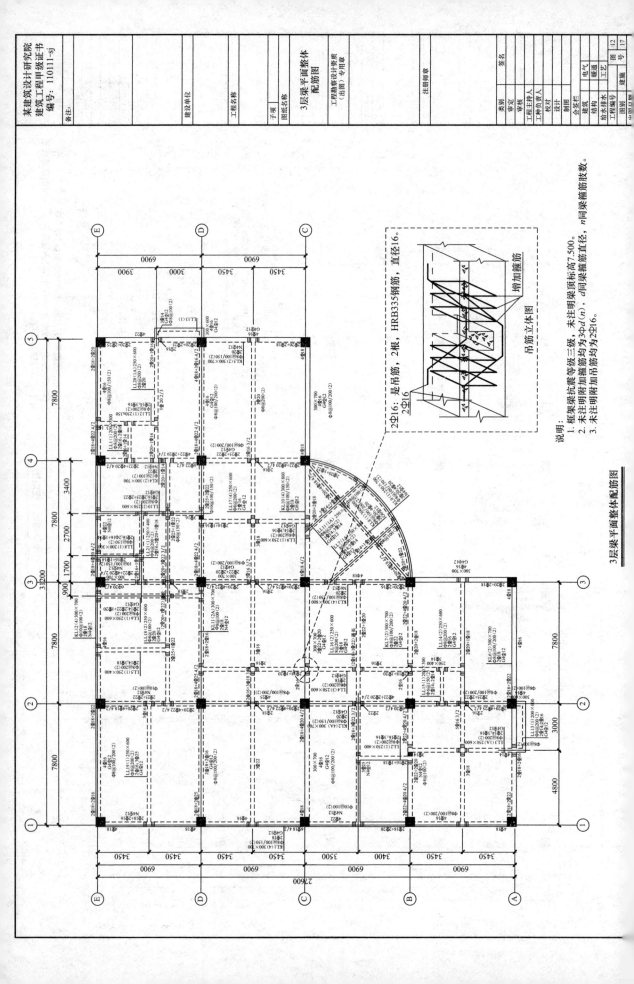

3层梁平面整体配筋图

说明：
1. 框架梁抗震等级三级，未注明梁顶标高7.500。
2. 未注明附加箍筋均为3Φd(n)，d同梁箍筋直径，n同梁箍筋肢数。
3. 未注明附加吊筋均为2Φ16。

2Φ16：是吊筋，2根，HRB335钢筋，直径16。

吊筋立体图

增加箍筋

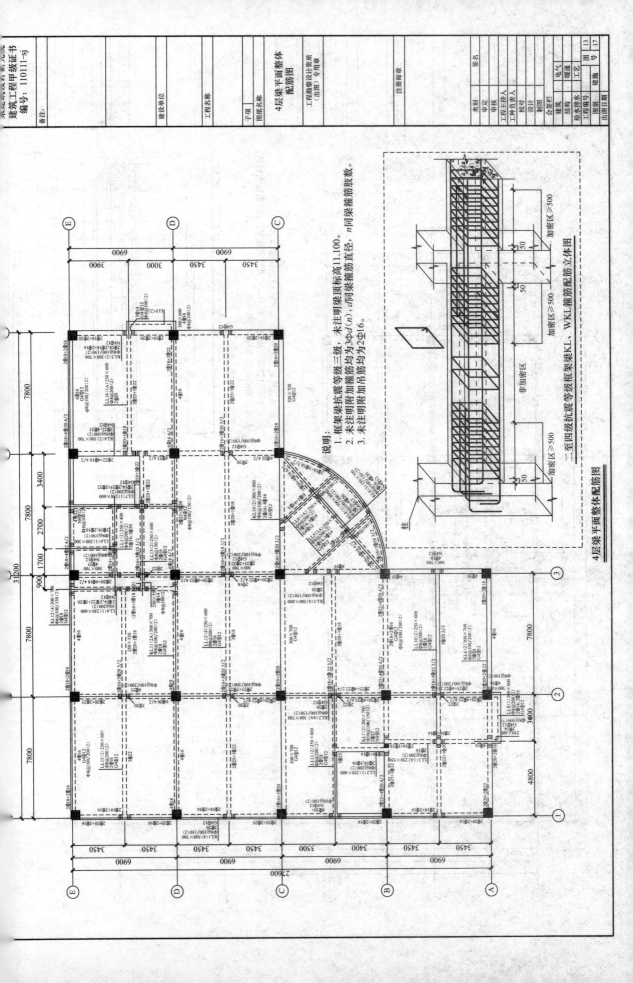

说明：
框架梁抗震等级三级，未注明梁顶标高11.100。
1. 未注明附加箍筋加密筋均均为3Φd(n)，d同梁箍筋直径。n同梁箍筋肢数。
2. 未注明附加吊筋均为2Φ16。

二至四级抗震等级框架梁KL、WKL箍筋配筋立体图

4层梁平面整体配筋图

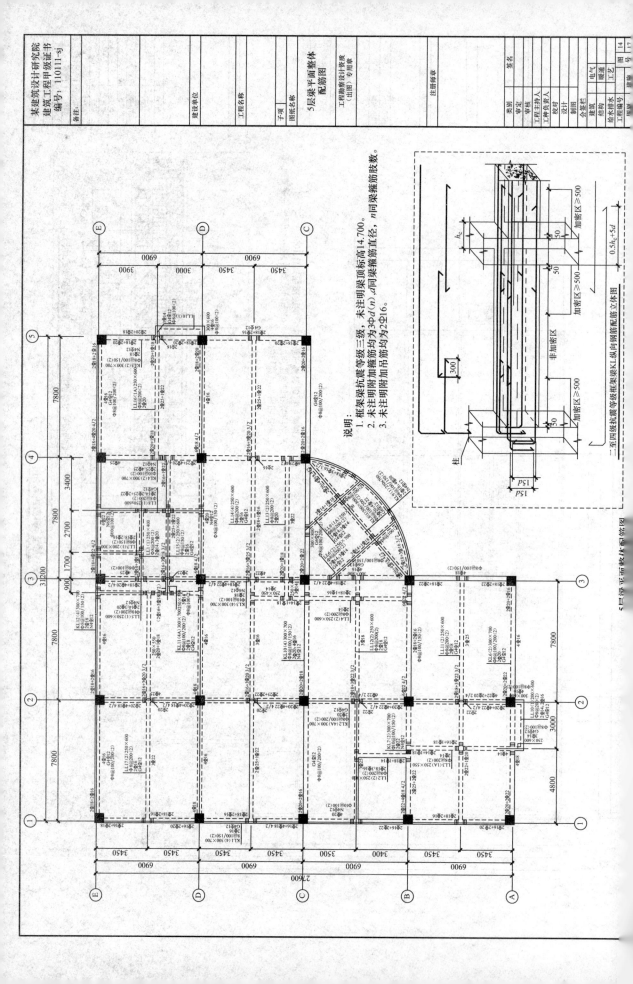

说明：
1. 框架梁梁抗震等级三级，未注明梁顶标高14.700。
2. 未注明附加箍筋均为3Φd(n)，d同梁箍筋直径，n同梁箍筋肢数。
3. 未注明附加吊筋均为2Φ16。

二至四级抗震等级框架梁KL纵向钢筋配筋立体图

5层梁平面整体配筋图

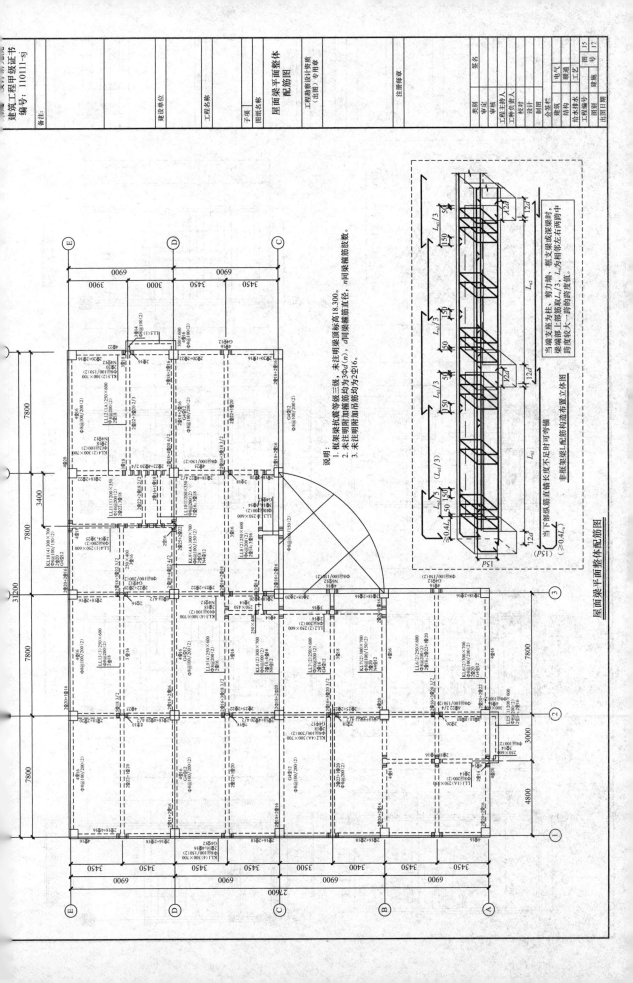

屋面梁平面整体配筋图

屋面梁整体配筋图

非框架梁上配筋构造布置立体图

说明：
1. 框架梁抗震等级三级，未注明梁面顶标高18.300。
2. 未注明附加箍筋均为3ϕd(n)，d同梁箍筋直径，n同梁箍筋肢数。
3. 未注明附加吊筋均为2Φ16。

当下部纵筋直锚长度不足时可弯锚
当端支座为柱、剪力墙、框支梁或深梁时，
梁端部上部筋取$L_a/3$，L_{ni}为箍筋左右两跨中
跨度较大一跨的跨度值。

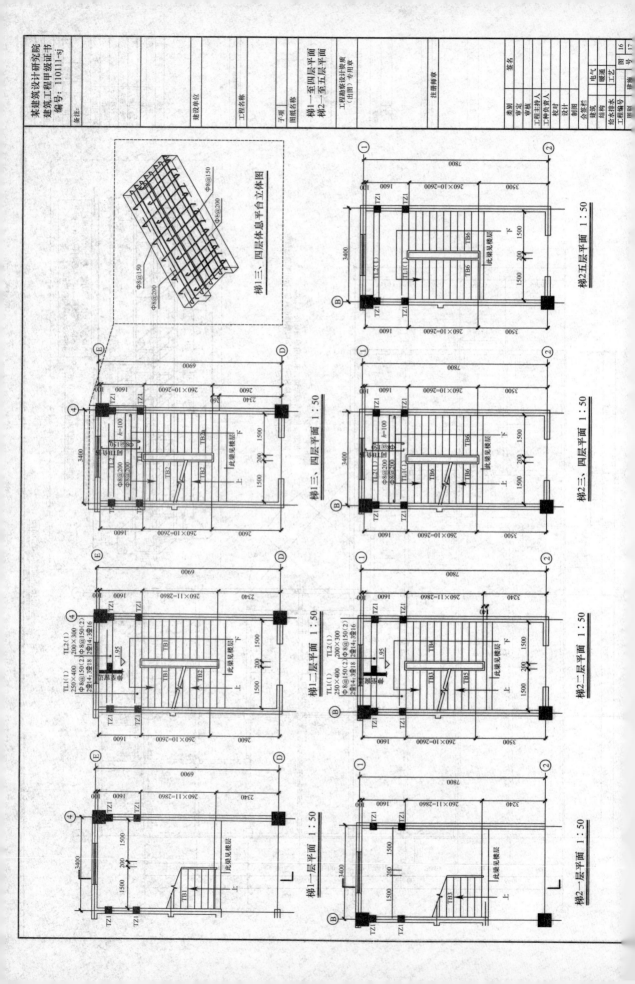

梯1三、四层休息平台立体图

梯1三、四层平面 1:50

梯1二层平面 1:50

梯1一层平面 1:50

梯2五层平面 1:50

梯2三、四层平面 1:50

梯2二层平面 1:50

梯2一层平面 1:50

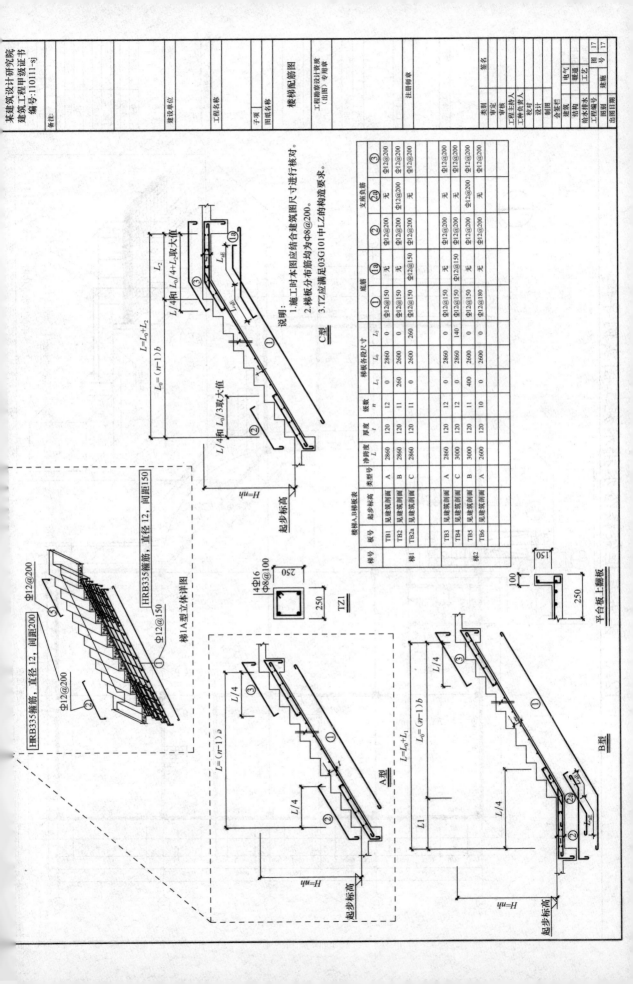

楼梯A、B梯板表

梯号	板号	起步标高	类型号	净跨度 L	厚度 t	级数	梯板各段尺寸			底筋			支座负筋		
							L_1	L_0	L_2	①	①a	②a	②a	②	③
梯1	TB1	见建筑剖面	A	2860	120	12	0	2860	0	Φ12@150	无	无	无	Φ12@200	Φ12@200
	TB2	见建筑剖面	B	2860	120	11	260	2600	0	Φ12@150	无	Φ12@200	Φ12@200	Φ12@200	Φ12@200
	TB2a	见建筑剖面	C	2860	120	11	0	2600	260	Φ12@150	Φ12@150	Φ12@200	Φ12@200	Φ12@200	Φ12@200
梯2	TB3	见建筑剖面	A	2860	120	12	0	2860	0	Φ12@150	无	Φ12@200	无	Φ12@200	Φ12@200
	TB4	见建筑剖面	C	3000	120	12	0	2860	140	Φ12@150	Φ12@150	Φ12@200	无	Φ12@200	Φ12@200
	TB5	见建筑剖面	B	3000	120	11	400	2600	0	Φ12@150	Φ12@150	Φ12@200	Φ12@200	Φ12@200	Φ12@200
	TB6	见建筑剖面	A	2600	120	10	0	2600	0	Φ12@180	无	Φ12@200	无	Φ12@200	Φ12@200

说明：
1. 施工时本图应结合建筑图尺寸进行核对。
2. 梯板分布筋均为Φ8@200。
3. TZ应满足03G101中LZ的构造要求。

C 型

B 型

A 型

梯1A型立体详图

HRB335箍筋，直径 12，间距200

HRB335箍筋，直径 12，间距150

HRB335箍筋，直径 12，间距150

Φ12@200

Φ12@150

Φ12@200

TZ1

4Φ16
Φ8@100
250 × 250

平台板上翻板

100 / 250 / 150

起步标高

某建筑设计研究院
建筑工程甲级证书
编号:110111-sj

备注：

建设单位

工程名称

子项

图纸名称   楼梯配筋图

工程勘察设计资质
（出图）专用章

注册师章

签名

类别		签名
审定	电气	
审核	暖通	
工程主持人	工艺	
工种负责人	给水排水	
校对	结构	
设计	建筑	
制图		
会签栏	工程编号	
	图别 建施	
	图号 17	共 17 张
	出图日期	

12.3 某五层框架楼给水排水施工图实例导读

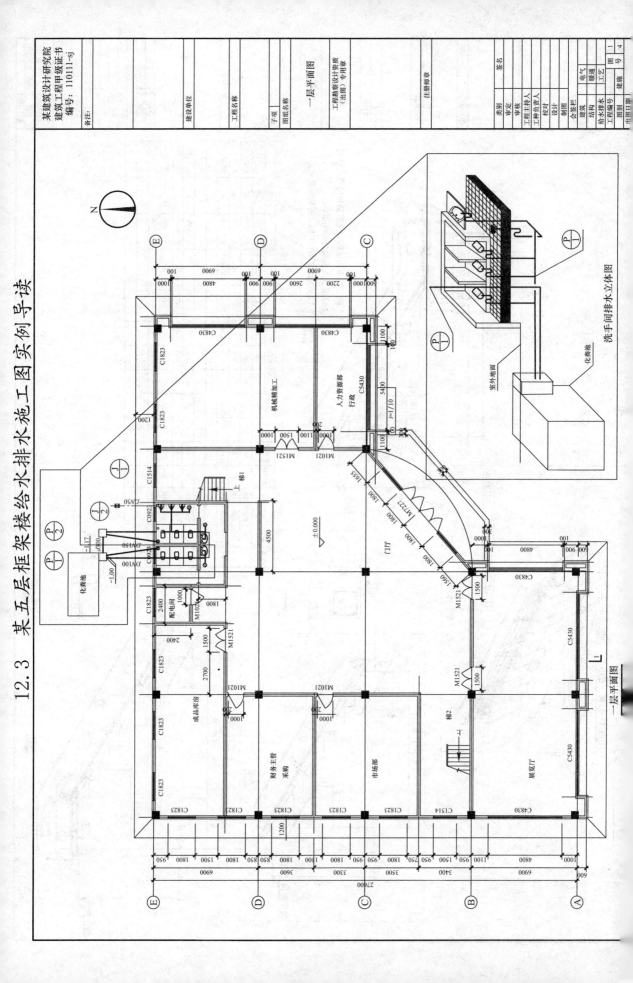

某建筑设计研究院
建筑工程甲级证书
编号: 110111-sj

备注:

建设单位

工程名称

子项

图纸名称

一层平面图

工程勘察设计资质
(出图)专用章

注册师章

签名

类别
审定
审核
工程主持人
工种负责人
校对
设计
制图
会签栏
建筑
结构
给水排水
电气
暖通
工艺

图别 建施
图号 1
工程编号
图别
出图日期 4

N

洗手间排水立体图

化粪池

室外地面

一层平面图

一层平面图

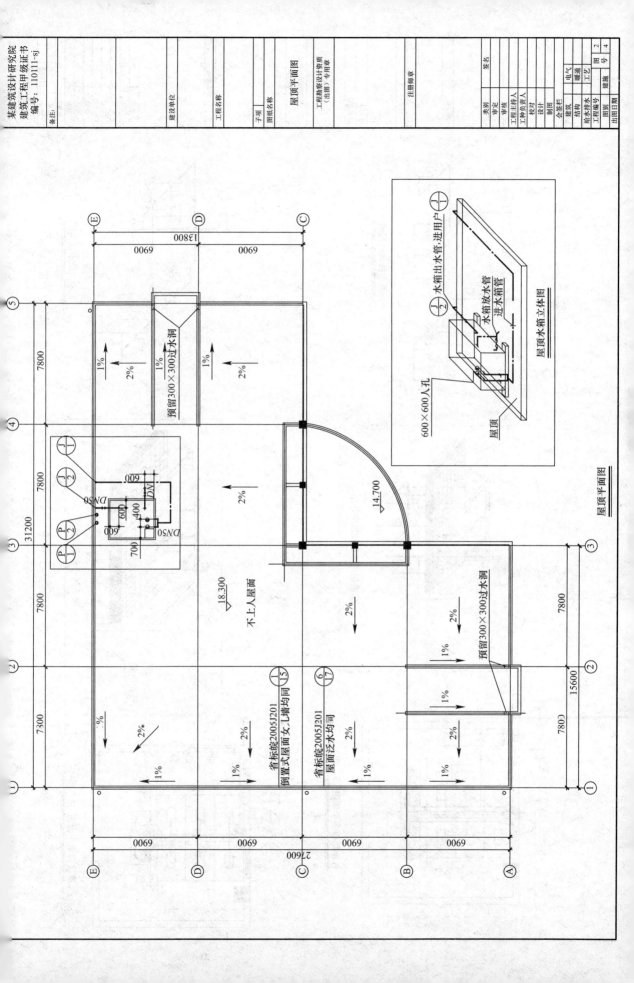

屋顶平面图

屋顶水箱立体图

某建筑设计研究院
建筑工程甲级证书
编号：110111-sj
备注：

建设单位
工程名称
子项
图纸名称　屋顶平面图
工程勘察设计资质
（出图）专用章

注册师章

签名
类别
审定
工程主持人
工种负责人
设计
校对
制图
全签栏
建筑
结构
给水排水
电气
暖通
工艺
建施
图别　图　号　2
工程编号　图号　4
出图日期

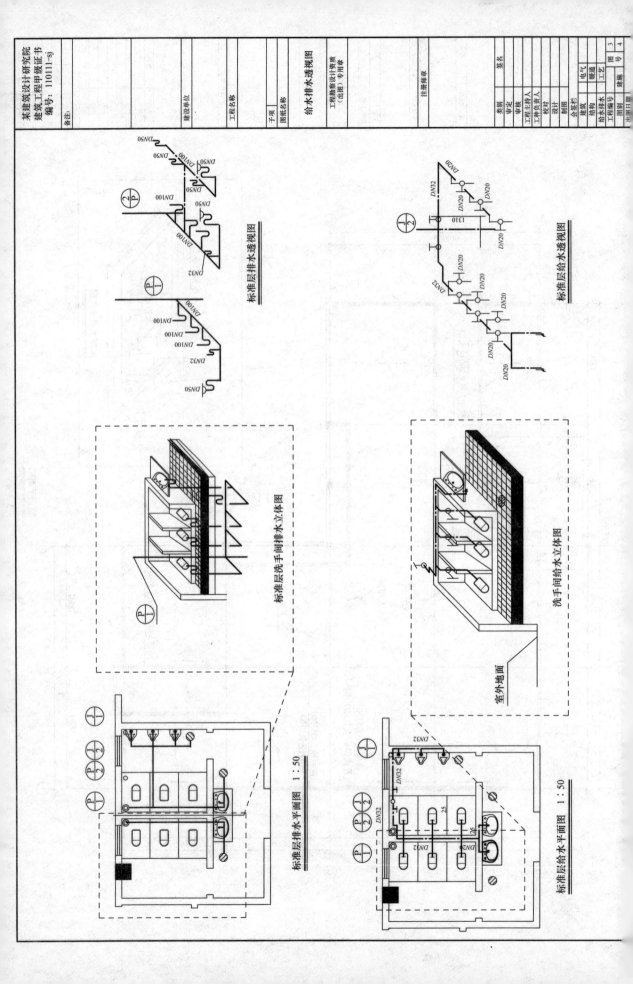

标准层排水透视图

标准层给水透视图

标准层洗手间排水立体图

洗手间给水立体图

室外地面

标准层排水平面图 1:50

标准层给水平面图 1:50

某建筑设计研究院
建筑工程甲级证书
编号: 110111-sj

备注:

建设单位
工程名称
子项
图纸名称　给水排水透视图

工程勘察设计资质
（出图）专用章

注册师章

签名
类别　审定　建筑
　　　审核　结构
工种主持人　给水排水
工种负责人　电气
校对　　　暖通
设计　　　工艺
制图
会签栏　建筑
　　　　结构
　　　　给水排水
　　　　电气
　　　　暖通
　　　　工艺
图别　建施　3
图号　　　4
工程编号
图别
出图日期

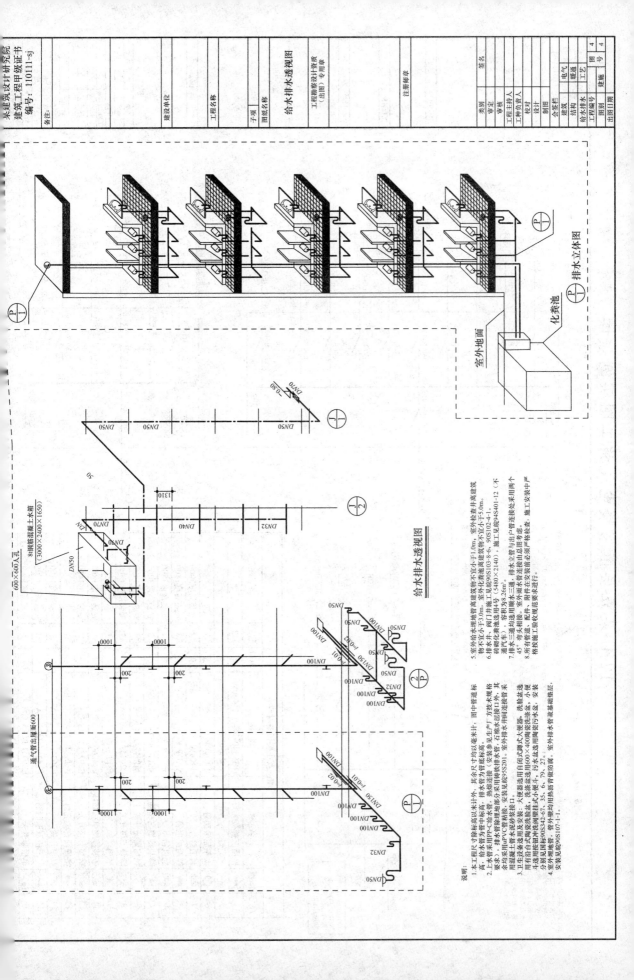

排水立体图

排水透视图

给水排水透视图

给水排水透视图

说明:
1. 本工程尺寸除标高以米计外,其余尺寸均以毫米计。图中管道标高、给水管为管中标高;排水管为管底标高。
2. 上水管采用PP-C给水管。排水管采用U-PVC管材料。热熔连接(安装参见图集90S103-8-6、90S102-4-1。其余均采用PVC管材料。安装见图集95S201。室外排水并埋铁接管采用混凝土管承插砂浆接口。
3. 卫生洁具选用及安装:大便器选用自闭式大便器。洗脸盆选用有机台式瓷洗脸盆,大便器选用600×400陶瓷洗涤盆,小便斗选用壁挂式小便斗、污水盆选用陶瓷污水盆。安装分别见国标90S342-67、35、6、79、27。
4. 室外地埋管:管外壁均用热沥青做防腐。室外排水管及基础垫层,安装见图集90S107-1-1。

5. 室外给水埋地管离建筑物不宜小于1.0m,室外检查井距建筑物不宜小于5.0m。
6. 排水栓、阀门井施工见图集90S103-8-6、90S102-4-1。
7. 排水三通均选用顺水三通。排水立管与出户管连接处采用两个45°弯头相接。室外雨水管连接由总图考虑。
8. 所有管道、配件、室外管道安装前必须严格检查,施工安装中严格按施工验收规范要求进行。

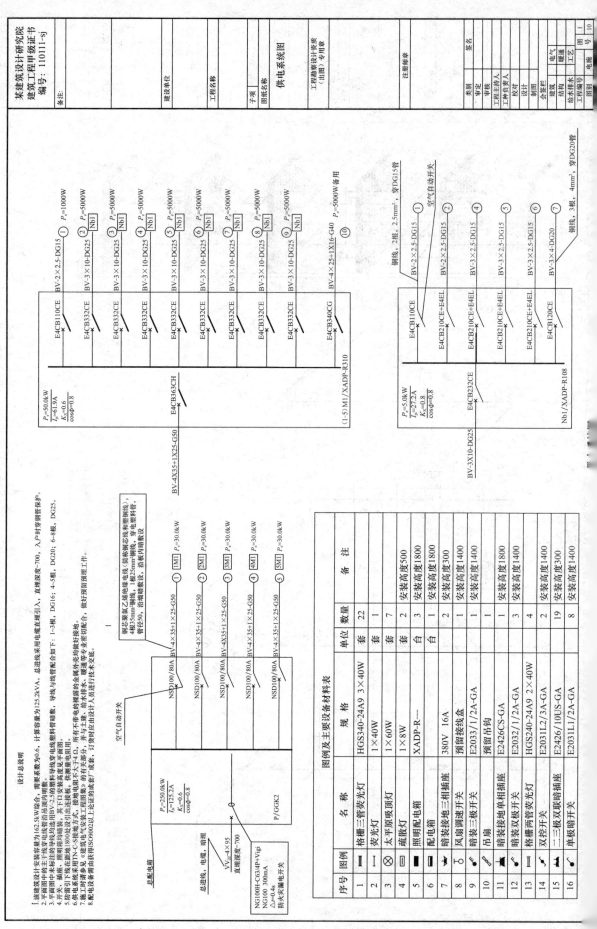

12.4 某五层框架楼电气施工图实例导读

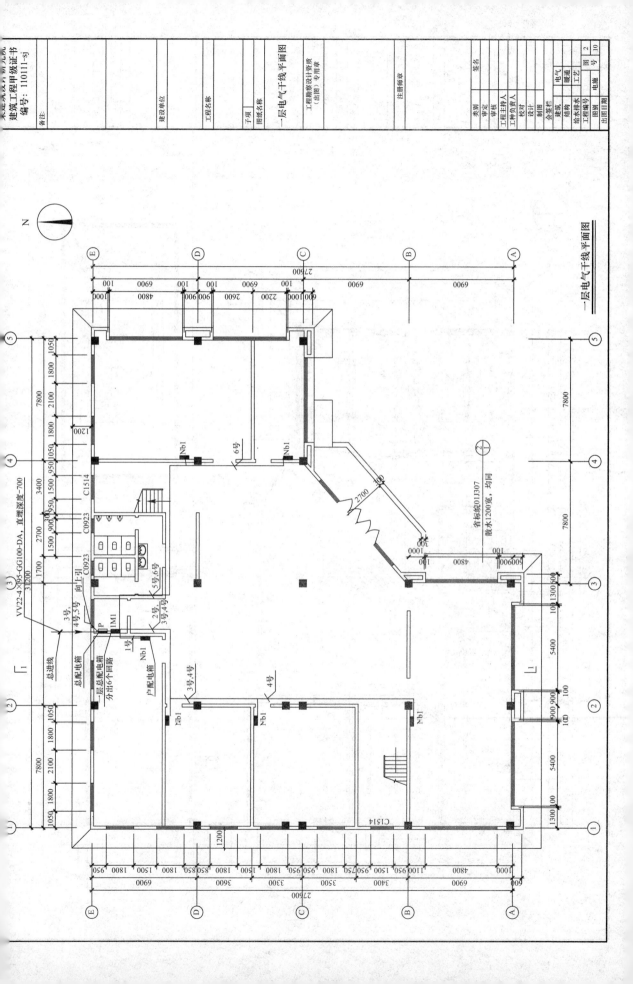

一层电气干线平面图

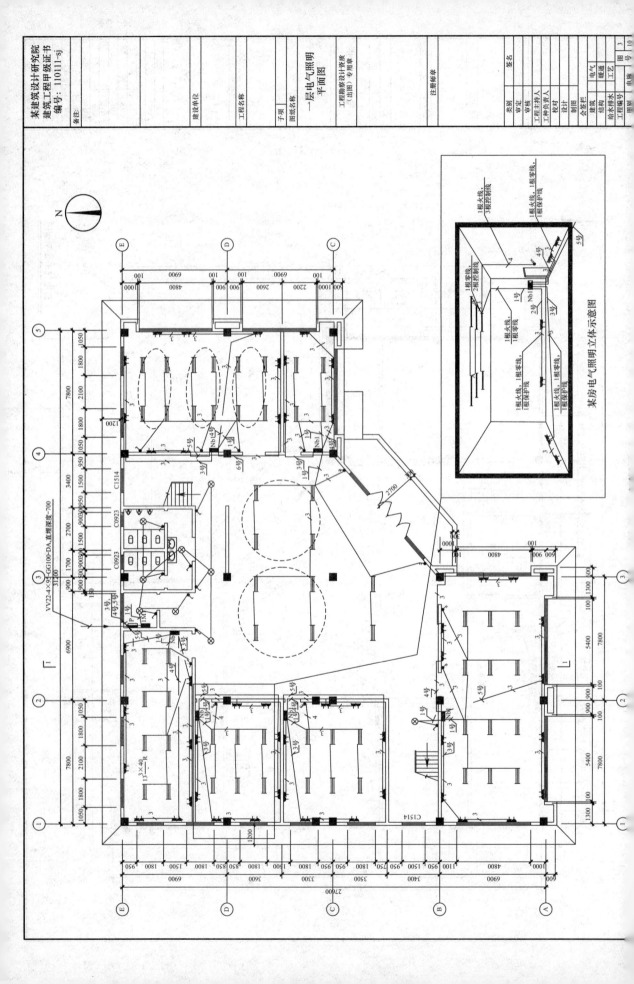

一层电气照明平面图

某房电气照明立体示意图

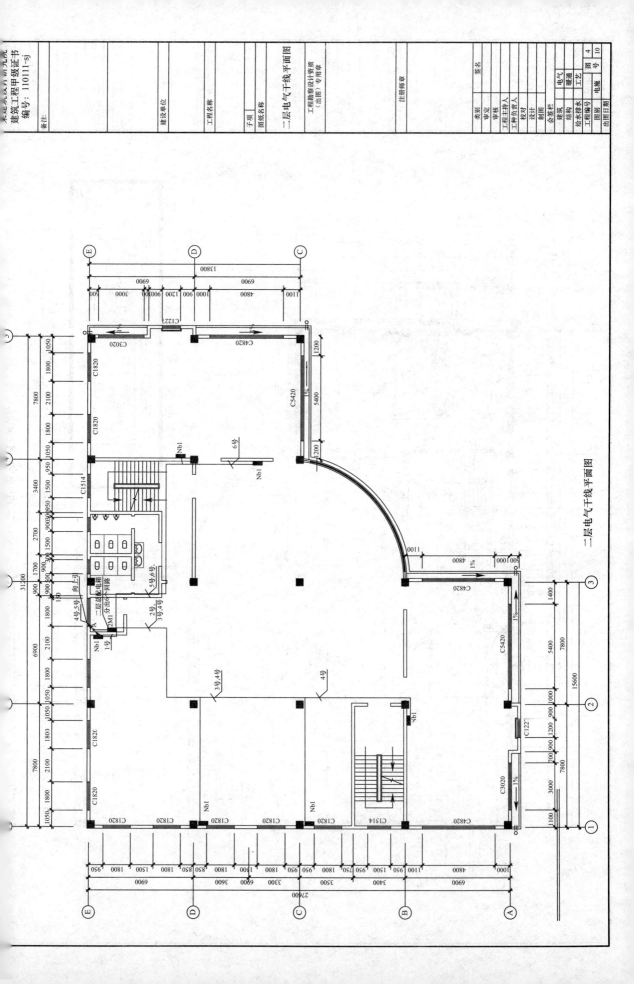

二层电气干线平面图

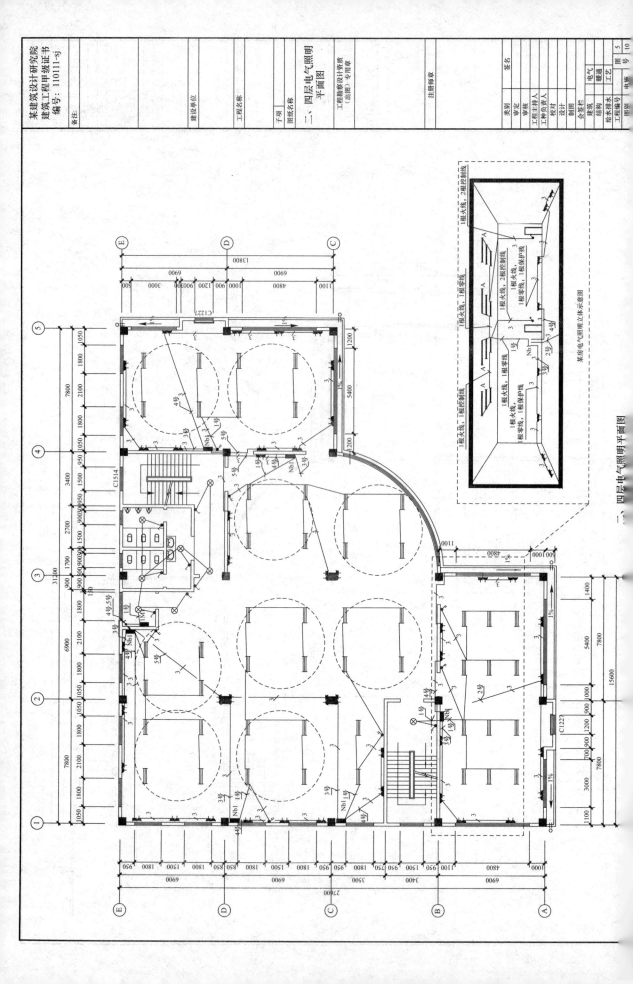

二、四层电气照明平面图

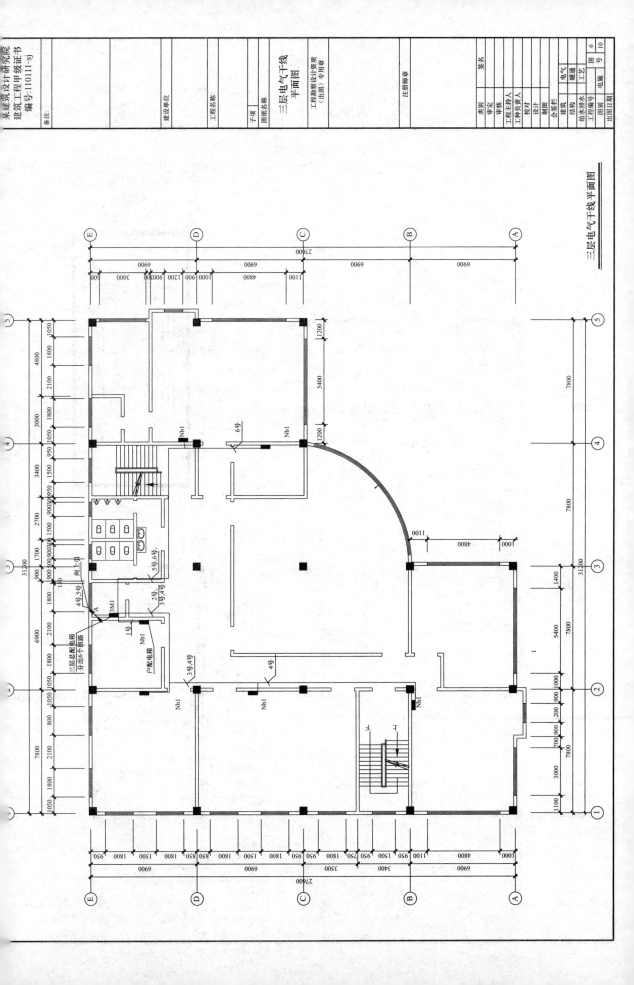

三层电气干线平面图

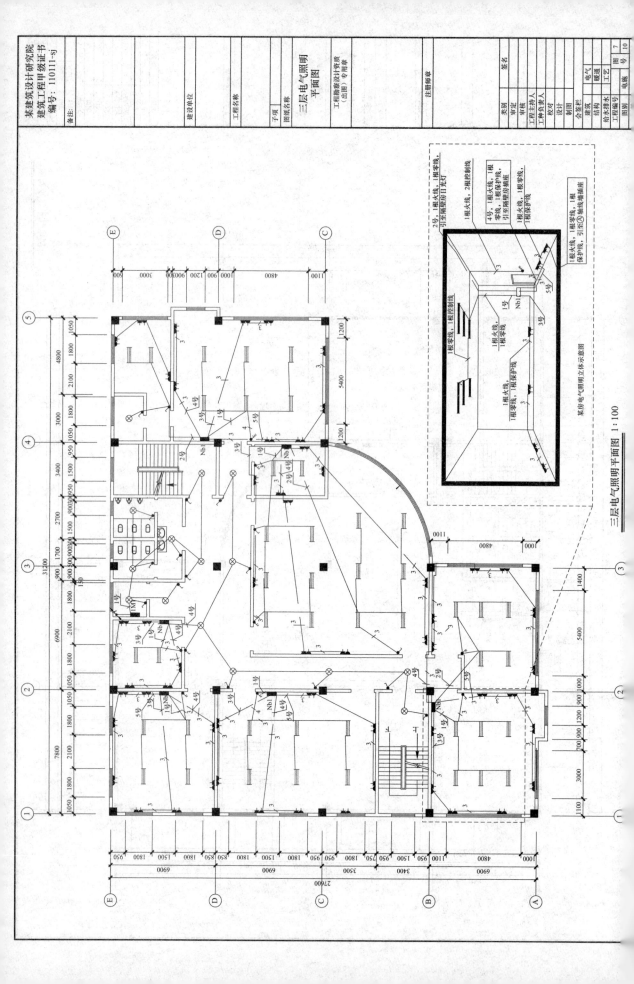

三层电气照明平面图 1:100

某房电气照明立体示意图

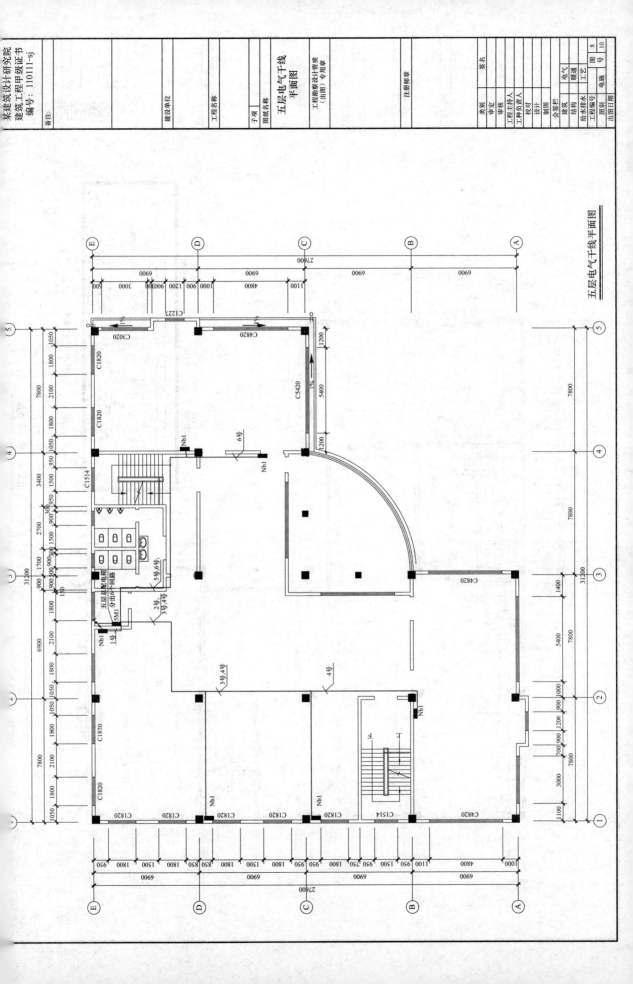

五层电气干线平面图

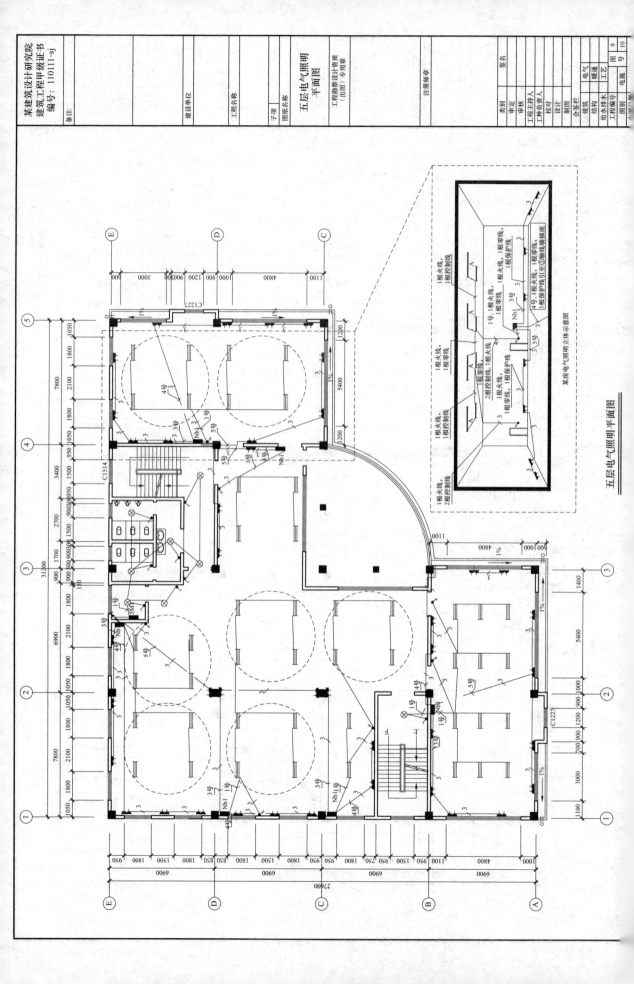

五层电气照明平面图

某房电气照明立体示意图

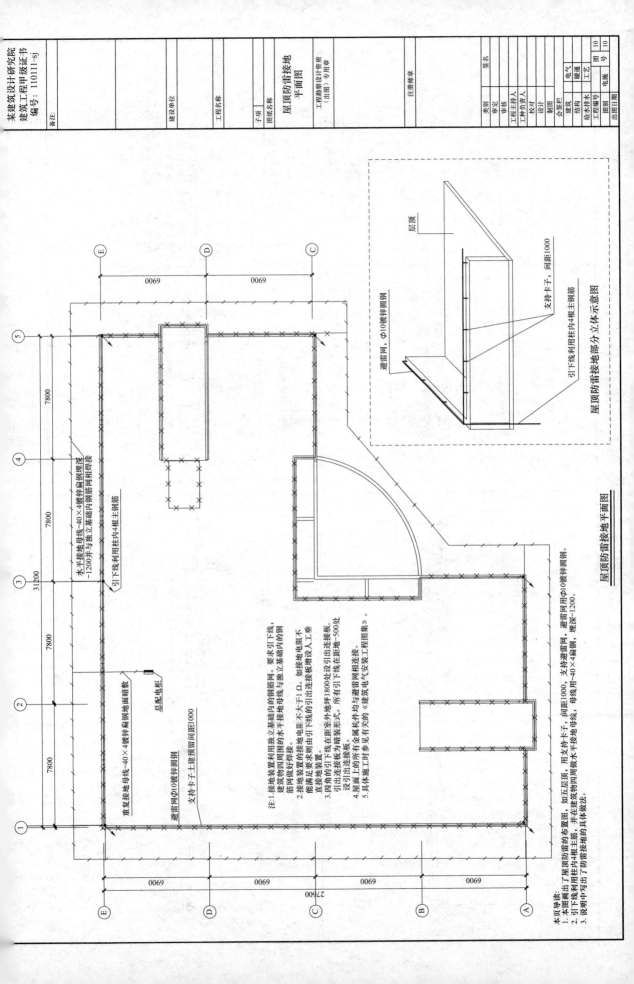

屋顶防雷接地部分立体示意图

屋顶防雷接地平面图

本页导读:
1. 本图画出了屋顶防雷的布置图。
2. 引下线利用柱内4根主筋。
3. 说明中写出了防雷接地的具体做法。

注:1. 接地装置利用独立基础内的钢筋网。要求引下线，建筑物四周利用的水平接地母线与独立基础内的钢筋网做好焊接。
2. 接地装置的接地电阻不大于1Ω。如接地电阻不能满足要求则由引下线的引出出连接板设入工垂直接地装置。
3. 四角的引下线在距室外地坪1800处设引出连接板，引出连接板为暗装形式。所有引下线在距地-500处设引出连接板与避雷网相连接。
4. 屋面上的所有金属构件均与避雷网相连接。
5. 具体施工时参见有关的《建筑电气安装工程图集》。

电缆
工艺

12.5 某五层框架楼施工图配套标准图集（部分）

散 水

散水伸缩缝

ⓐ
虚线表示墙面线
20
1:2沥青砂
粗砂填缝

ⓑ
虚线表示墙面线
20
沥青灌面
粗砂填缝

说明：
1. 散水宽度应≥800，但膨胀土地区应≥1200。具体宽度应由设计定。
2. 素土夯实应比散水宽300。
3. 膨胀土地区散水伸缩缝间距为3m左右，其条为6~12m，位置均要与水落管错开。

校对
设计
制图

③
20厚1:2水泥砂浆
60厚C15混凝土
150厚3:7灰土垫层
素土夯实
3%~5%
60
20
ⓐ⁻

②
20厚1:2水泥砂浆
60厚C15混凝土
60厚碎石垫层
素土夯实
3%~5%
60
20
ⓑ⁻

①
60厚C15混凝土撒1:1水泥
砂子压实抹光
40厚粗砂垫层
素土夯实
3%~5%
60
20
ⓐ⁻

⑦
80厚片石干铺1:2
水泥砂浆灌缝勾平
30厚粗砂垫层
素土夯实
3%~5%
60
20
ⓑ⁻

⑥
120厚砖M5水
泥砂浆侧砌
30厚粗砂垫层
素土夯实
3%~5%
60
20
ⓑ⁻

①
20厚1:2水泥砂浆
100厚C15混凝土
150厚3:7灰土（碎石）垫层
素土夯实
3%~5%
60
20
ⓐ⁻

注：用于膨胀土地区

④ 碎石垫层 ⓐ⁻

⑤ 灰土垫层

受拉钢筋的最小锚固长度 l_a

钢筋种类		混凝土强度等级									
		C20		C25		C30		C35		≥C40	
		d≤25	d>25	d≤25	d>25	d≤25	d>25	d≤25	d>25	d≤25	d>25
HPB235	普通钢筋	31d	31d	27d	27d	24d	24d	22d	22d	20d	20d
HPB335	普通钢筋	39d	42d	34d	37d	30d	33d	27d	30d	25d	27d
	环氧树脂涂层钢筋	48d	53d	42d	46d	37d	41d	34d	37d	31d	34d
HPB400 HPB400	普通钢筋	46d	51d	40d	44d	36d	39d	33d	36d	30d	33d
	环氧树脂涂层钢筋	58d	43d	50d	55d	45d	49d	41d	45d	37d	41d

注: 1. 当弯锚时，有些部位的锚固长度为 $0.4l_a+15d$，见各类构建的标准构造产图。
2. 当钢筋在混凝土施工过程中易受扰动（如滑模施工）时其锚固长度应乘以修正系数1.1。
3. 在任何情况下，锚固长度不得小于250mm。
4. HPB235钢筋为受拉时，其末端应做成180°弯钩，弯钩平直段长度不得小于3d。当为受压时，可不做弯钩。

注:
1. 受力钢筋外边缘至混凝土表面上表面的距离，除符合表中规定外，不应小于钢筋的公称直径。
2. 机械连接接头连接件之间的混凝土间横向净距不宜小于25mm。
3. 设计使用年限为100年的结构：一类环境，混凝土保护层厚度应按本表中规定增加40%；二类和三类环境中，混凝土保护层厚度应取专门有效措施。
4. 环境类别表详见第35页。
5. 三类环境中的结构构件，其受力钢筋宜采用环氧树脂涂层带肋钢筋。
6. 板、墙、壳中分布钢筋的保护层厚度不应小于表中受力钢筋相应数值减10mm，且不应小于10mm；梁、柱中箍筋和构造钢筋的保护层厚度不应小于15mm。

受力钢筋的混凝土保护层最小厚度（mm）

环境类别		墙			梁			柱		
		≤C20	C25~C45	≥C50	≤C20	C25~C45	≥C50	≤C20	C25~C45	≥C50
一		20	15	15	30	25	25	30	30	30
二	a	—	20	20	—	30	30	—	30	30
	b	—	25	20	—	35	30	—	35	30
三		—	30	25	—	40	35	—	40	35

受拉钢筋最小锚固长度 L_a 受力钢筋的混凝土保护层最小厚度	图集号	03G101-1
	页	
设计	校对	审核

钢筋机械锚固构造梁中间支座梁下部钢筋构造
箍筋及拉筋弯钩构造混凝土结构的环境类别

设计		
校对		
审核		

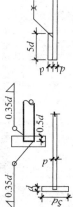

上下两根钢筋支架净距≥25

另一方向的梁上部钢筋

另一方向的梁下部钢筋
（当两方向的梁等高时）

不伸入支座的梁
下部第二排钢筋

$P_{\bar{z}}$（不切断）

$a \geq 25 + d_L/2 + d^R/2$

$\geq l_{aE}$
$\geq 0.5h_c + 5d$ $\geq l_a$
$\geq l_{aE}$
$\geq 0.5h_c + 5d$ $\geq l_a$

P_L（不切断）

1:12斜度

12a

b

梁中间支座梁下部钢筋构造

（括号内的为非抗震框架梁下部纵筋的锚固长度）

注：1. 梁中间支座下部钢筋构造，是在支座两边应有一排梁纵筋均伸入支座锚固的情况下。为保证相邻纵筋在上下左右彼此之间的净距均能满足规范要求和保证节点部位钢筋混凝土的浇筑质量所采取的构造措施。
2. 梁中间支座下部钢筋的锚固构造同样适用于非框架梁。当用于非框架梁时，下部钢筋的锚固长度详见本图集相应的非抗震框架梁锚固构造及其说明。
3. 当第二排括弧支梁）下部第二排纵筋不伸入支座时，设计者如果在计算中考虑无应充分利用纵向钢筋的抗压强度，则在计算时应减去不伸入支座的这部分钢筋面积。

纵向钢筋机械锚固构造

注：1. 当采用机械锚固措施时，包括附加锚固端头在内的锚固长度可为0.7l_aE, 非抗震可为0.7l_a。
2. 当纵向钢筋锚固范围内的箍筋不应少于3个，其直径不应小于纵向钢筋直径的0.25倍其间距不应大于纵向钢筋直径的5倍。当纵向钢筋的混凝土保护层厚度不小于钢筋直径的5倍时，可不配置上述箍筋。

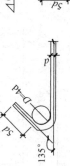

（a）末端带135°弯钩

（b）末端与锚固钢筋端头贴焊

5d

（c）末端与短钢筋双面贴焊

梁、柱、剪力墙箍筋和拉筋弯钩构造

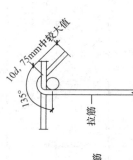

135°

梁、柱封闭箍筋

135°

梁、柱封闭箍筋

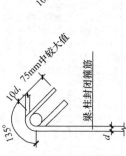

10d, 75mm中较大值

拉筋

拉筋紧靠纵向钢筋并勾住箍筋

梁纵筋

绑扎搭接的柱

梁、柱封闭箍筋

混凝土结构的环境类别

环境类别		条件
一		室内正常环境
二	a	室内潮湿环境，非严寒和严寒冷地区的露天环境，与无侵蚀性的水或土壤直接接触的环境
	b	严寒和寒冷地区的露天环境，与无侵蚀性的水或土壤直接接触的环境
三		使用除冰盐的环境；严寒和寒冷地区冬季水位变动的环境；滨海室外环境
四		海水环境
五		受人为或自然地侵蚀性物质影响的环境

注：严寒和寒冷地区的划分符合合国家现行标准《民用建筑热工设计规程》JGJ24的规定。

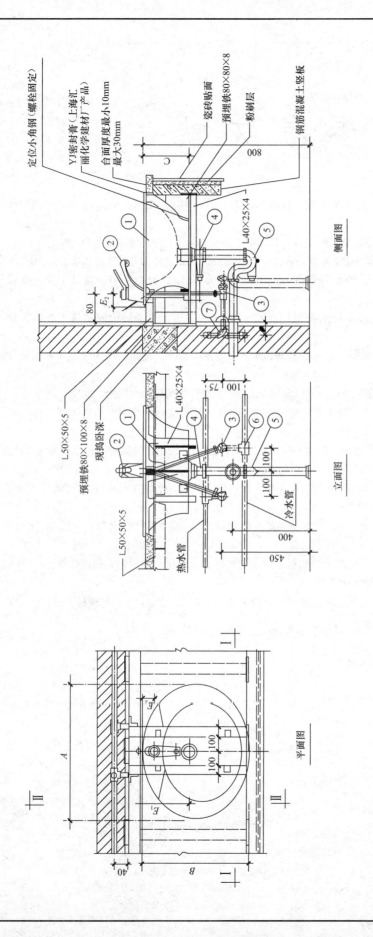

侧面图

立面图

平面图

I—I

定位小角钢（螺栓固定）
YJ密封膏（上海汇丽化学建材厂产品）
台面厚度最小10mm 最大30mm
瓷砖贴面
预埋铁80×80×8
粉刷层
钢筋混凝土竖板
800
L40×25×4
L50×50×5
预埋铁80×100×8
现浇卧深
冷水管
热水管
100 75
100
100
100
400
450
A
B
40

主要材料表

编号	名称	规格	单位	材料	数量
1	有沿台式洗脸盆	单孔	个	陶瓷	1
2	单把调温龙头	DN15	个	铜镀铬	1
3	角式截止阀	DN15	套	铜镀铬	1
4	提拉式排水装置	DN32	套	铜镀铬	1
5	存水弯	DN32	个	铜镀铬	1
6	三通		个	镀铁	2
7	弯头	DN15	个	镀铁	2

说明：
1. 本图系按北京市水暖器材一厂生产的单把调温龙头提拉式排水装置、角式截止阀等成套产品尺寸编制。生产同类产品的还有广州市水暖器材总厂、广东洁丽美水暖器材厂、广西平南水暖器材厂、上海长江水暖器材厂、洁丽美产品材厂、天津第一电镀厂、天津市生洁具厂。
2. 存水弯采用"P"型或"S"型由土建决定。本图所绘的台盆支架形式仅供参考，其中涉及梁及板、预埋铁板等均供土建考虑。
3. 台面材料由土建决定，本图所绘的合盆支架形式仅供参考。
4. 有沿台式洗脸盆尺寸见90S342-36图。

参 考 文 献

[1] 中华人民共和国建设部. 房屋建筑统一标准 GB/T50001—2010. 北京：中国建筑工业出版社，2011.
[2] 中华人民共和国建设部. 总图制图标准 GB/T50103—2010. 北京：中国建筑工业出版社，2011.
[3] 中华人民共和国建设部. 建筑制图标准 GB/T50104—2010. 北京：中国建筑工业出版社，2011.
[4] 中华人民共和国建设部. 建筑结构制图标准 GB/T50105—2010. 北京：中国建筑工业出版社，2011.
[5] 中华人民共和国建设部. 给水排水制图标准 GB/T50106—2010. 北京：中国建筑工业出版社，2011.
[6] 中华人民共和国建设部. 混凝土结构设计规范 GB/T50010—2010. 北京：中国建筑工业出版社，2012.
[7] 中国标准出版社. 电气简图用图形符号国家标准汇编. 北京：中国标准出版社，2001.
[8] 中国建筑标准设计研究所. 混凝土结构施工图平面整体表示方法制图规则和构造详图 03G101-1. 北京：中国建筑标准设计研究所，2006.
[9] 安徽省工程建设标准设计办公室. 饰面 DBJT11-13 皖 93J-301. 合肥：安徽省工程建设标准设计办公室，1993.
[10] 安徽省工程建设标准设计办公室. 给排水工程标准图集 DBJT11-37 皖 90S101-107. 合肥：安徽省工程建设标准设计办公室，1990.
[11] 安徽省工程建设标准设计办公室. 砖砌化粪池图集 DBJT11-36 皖 94S401. 合肥：安徽省工程建设标准设计办公室，1994.
[12] 中国建筑标准设计研究所. 混凝土结构施工图平面整体表示方法制图规则和构造详图 03G101-1. 北京：中国建筑标准设计研究所，2003.
[13] 上海市民用建筑设计院. 给水排水标准图集 JSJT-158. 90S342. 北京：中国建筑标准设计研究所，1990.